千岛人居考系列研究丛书

中国国家自然科学基金面上项目:"三生"系统视角下渔村聚落空间解析与分类营建策略(编号：51878592)
中国国家自然科学基金面上项目：精准扶贫政策下生态系统服务供需传输网络重构及实证研究(编号：71904060)
中国国家自然科学基金青年科学基金项目：景观生态学视域下海岛人居环境耦合机制与应对策略研究——以舟山群岛为例(编号：51508498)
浙江省哲学社会科学规划对策应用类课题：关于我省渔村转型建设的对策建议(编号：19NDYD32YB)
浙江省教育厅一般科研项目(自然科学类)：孤独空间人居城镇自持续营建理论与方法——以海岛为例(编号：2018年)
浙江省基础公益研究计划(公益技术研究计划/农村农业)：基于"三生"融合的渔村聚落空间适宜性发展研究——以舟山群岛为例(编号：LGN20E080002)
浙江大学平衡建筑研究中心2020年度自主立项课题：渔村人居空间解析与分类营建策略(工程技术研发专项人居康养技术研究专题课题)

舟山群岛人居环境

——聚落与建筑考察研究

Human Settlements in Zhoushan Archipelago

— Village and Architecture Investigation Research

张 焕 著

东南大学出版社
SOUTHEAST UNIVERSITY PRESS
·南京·

内 容 提 要

聚落是海岛人居环境的承载核心，舟山群岛在大规模的建设中面临不均衡的发展现状——发展快速的地区面貌更新很快，发展落后的地区渐渐被荒废遗忘。在这个过程中，植根于海洋地区自然与文化环境的海岛聚落与住居，正逐渐被现代建设模式所取代。

在聚落层面，本书首先论述了以渔村为代表的海岛聚落的重要性及研究的意义。再基于对舟山群岛大量的田野考察，选取了三种典型的海岛聚落类型——"海岛山岙型聚落""海岛平原型聚落""海岛海湾型聚落"，并分别通过实例来直观论述这三种聚落的特点。进而以"海岛海湾型聚落"渔村为例，分析现状与问题。通过塘头村和白沙村的实际例子来分析当下渔村转型过程中人聚行为与人居空间的变迁及特点。

在建筑层面，本书主要选取了舟山历史上建筑风格变迁的几个典型时期段及其现在保留的典型建筑群落。以大鹏岛、黄石村、马跳头、葫芦岛、南岙、朱家尖这6个建筑群落为例，描述了当下海岛建筑的困境和机遇，并指出建筑发展的适宜性途径，最终从建筑群角度设计了分层多元形态模型。

图书在版编目(CIP)数据

舟山群岛人居环境：聚落与建筑考察研究/张焕著.—南京：东南大学出版社，2021.10
(千岛人居考系列研究丛书)
ISBN 978-7-5641-9669-1

Ⅰ.①舟… Ⅱ.①张… Ⅲ.①群岛-居住环境-研究-舟山 Ⅳ.①X21

中国版本图书馆CIP数据核字(2021)第189932号

书　　名：舟山群岛人居环境——聚落与建筑考察研究
Zhoushan Qundao Renju Huanjing——Juluo Yu Jianzhu Kaocha Yanju

著　　者：张　焕
责任编辑：宋华莉
编辑邮箱：52145104@qq.com

出版发行：东南大学出版社
出 版 人：江建中
社　　址：南京市四牌楼2号(210096)
网　　址：http://www.seupress.com

印　　刷：南京玉河印刷厂
开　　本：787 mm×1 092 mm　1/16　　印张：11　字数：262千字
版 印 次：2021年10月第1版　　2021年10月第1次印刷
书　　号：ISBN 978-7-5641-9669-1
定　　价：58.00元

经　　销：全国各地新华书店
发行热线：025-83790519　83791830

本社图书若有印装质量问题，请直接与营销部联系。电话(传真)：025-83791830

序

张焕博士，是在一次浙大建筑工程学院学术活动时与我相识。交谈过程中了解到他长期专注于海岛地区建筑营建的研究，并将浙大平衡建筑中心相关理论应用到海洋与陆地的交互设计中来，很有创新，并在中心相关学术活动过程中进一步了解、合作。

张焕出生与成长在舟山，所以一开始就将他的研究方向定位在海岛人居环境的研究上。在这个过程中，建构了从生态建筑到可持续人居环境等宽广的理论结构。长期以来在舟山群岛等海岛地区进行调研实践，使得他的研究内容深深扎根于舟山群岛这块山水之中。近年又获得“平衡中心”等大型课题资助，将继续拓展研究基于浙江大学建筑设计研究院“大陈岛”的相关项目，以期在更高的层面思考与探索问题，也使团队的研究范围得以拓展。

他的研究载体——舟山群岛在中国海岛中具有代表性。近日恰为舟山群岛新区成立十周年纪念日。其人居环境虽然有了不小的进步，但是还存在“千岛一面”、城镇规模贪大、大规模围垦、海岛自然风貌快速改变、岛际人口异动、海岛空心化衰退与工业化跃进两极并存等问题。亟须好的学者、好的理论来平衡“人—地—海”的关系。

因此，借由此本专著，我也提出一些观点：随着中国不断融入世界，海洋、海岛在国民经济和社会发展中的地位愈加突出；同时，江海联运背景下的内陆河湖的经济产业和生态环境都会有巨大提升，正契合浙江大学平衡建筑中心所倡导的“水体—陆地平衡设计理论”的应用。

非常高兴地看到张焕能将相关研究成果汇集成《舟山群岛人居环境——聚落与建筑考察研究》。在该书付梓之际，我欣然作序，一方面鼓励作者继续在这一前沿领域不断拓展与前进，另一方面将该书推荐给广大读者，希望有更多的学者为研究海岛人居环境建设做出贡献。

董丹申

2021年7月20日于浙江大学西

前　　言

这既是一本新著的前言，也是一篇一年似一天的日记，更是对我研究历程和喜爱的小结。

我生长在舟山群岛，自小喜爱海滩边的小虾小蟹。还在岛上读书的时候，每当压力伴身，就想着放学去码头边看看海，看那船来船往和远处的小岛小村。似是那时就已经决定了，在若干年后(2012年左右)的博士研究方向的选择上，不假思索地将导师的"人居环境"研究与自身的"海岛生长"基因融合在一起，生成了"海岛人居环境营建体系"一说。在博士毕业之后，深感海岛之于海洋之渺小、吾学之于格物之未致，跨学科投入"海洋科学"一级学科下的环境科学做博士后，继续寻找答案。过程中访学美国，孤身考察南美洲加拉帕戈斯群岛，兜兜转转回到浙大任教。在任教三年有余后，副教授一职让我有更多的精力和团队回过头去再走走家乡舟山群岛的岛岛村村，再历时一年，在仓促中探索成稿。

此稿既包含了近几年在研究上的部分文字总结，也纳入了在岛间行走的所看所拍，分门别类、依时编排。海岛人居环境随着产业经济的发展不断更替。但这种日新月异，一定需要一个传承、一个记录的，就好比我知道过去儿时的海边滩涂，如今是新城哪座大楼的地基一样。只是如今的我，将其录著下来了。同时我也深知只是记录是远远不够的，也仅以此作为新的起点，与广大读者与海岛海洋人居环境学者一起共勉。

一本书的背后是一项工作、生活的系统工程。感谢家人的付出和支持。感谢师长的关心，很多方案旁征博引，离不开师长的教诲和传承。感谢学生的帮助，感谢你们抱着学习的心态与我一起完成研究，为本书的最终成稿添砖加瓦，因为一个团队就是这样不断前行的。

张晓

2020年12月31日

于浙大紫金港校区农医图书馆

目　　录

1 绪论

1.1 缘起

海洋作为一个地理名词，是地球之上广阔水体的总称，同时也是生命诞生的摇篮。在地球之上最原始的有机物就是从海洋中衍生而来，至今已有数十亿年的时间。海洋的总面积是3.61亿 km^2，占据地球总面积的71%左右。海洋作为地球生命支持系统的基础构成要素，起着环境调节以及资源保障的重要作用。

在海洋生态系统当中，海岛属于核心构成部分。1982年于牙买加的蒙特哥湾通过的《联合国海洋法公约》中针对岛屿做出了具体的概念界定，同时明确了海岛在海域划界领域所具备的法律作用，随后在国际实践当中得以普遍应用，取得良好的实际效果。比如在公约的第121条当中提道："岛屿是自然形成且四面环水，于高潮条件下比水面高出的陆地区域；除了特定情形之外，岛屿的领海、专属经济区、毗连区以及大陆架等都应基于本公约对其他陆地领土相适用的规定内容予以确定；无法为人类居住生活提供支持的岩礁需被排除在专属经济区或者是大陆架之外。"据此能够发现，海岛在划定领海、专属经济区、毗连区以及大陆架方面是与大陆具有同等地位的，属于国家管辖海域的一个关键性标记。

而以渔村为代表的海岛聚落，是海岛人居环境承载的核心空间。几乎所有的海岛聚落，无论最后发展成了国际大都市还是依旧保持淳朴，源头都是渔村。因为渔村代表了向海生活的便利性，而且渔村也能或多或少代表海岛上绝大多数聚落的人居环境发展脉络，尤其是在舟山群岛这种以中小型海岛为主的地区。

1.1.1 海岛聚落的重要性与独特性

乡村毫无疑问是目前建筑学与城乡规划学科关注的重点，而乡村并不等于农村——乡村按经济结构可分为农村、山村、渔村、牧村以及具备大量乡村企业、家庭工副业的中心村或者是乡村集镇(李莎，2011)。在海岛聚落之下所形成的渔村因为是与海洋相邻，同时主要从事渔业，所以在聚落性质以及空间形态方面和其他纯陆地村落相比较而言，具有明显差异性。除此之外，全国海洋渔业村总体数量也在持续增加，在1976年只有2 308个，到了2014年已经发展成了4 177个(见图1-1、表1-1)，而同期国内乡村总体数量却是逐年递减(国家统计局，2015)。鉴于海岛聚落渔村的逆势持续增长及其不可替代性，需要专门加以研究。

1.1.2 舟山渔村聚落的代表性

舟山群岛作为我国最大的群岛，与我国其他地区海岛相比，属于亚热带和温带气候，鱼

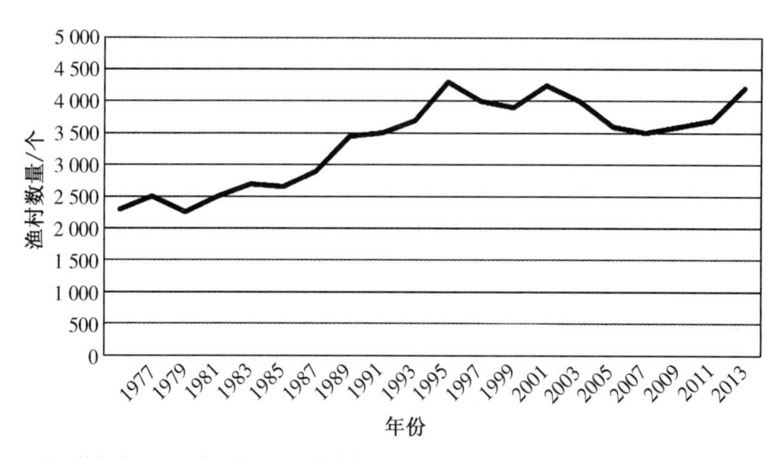

注：数据来源于历年《中国渔业统计年鉴》。

图 1-1 国内海洋渔业乡村数量发展趋势图

（图片来源：根据数据资料笔者自绘）

类资源丰富，同时优良港湾很多，是我国海洋生产力最高的海域之一。从我国海洋渔业乡和渔业村的地区分布看，位于东海区域（浙江、福建、上海地区）的渔业人口占比最大（中国水产科学研究院，历年），其中舟山群岛更是渔村与渔业生产最重要的典型区域，也是渔业资源衰退后可持续营建问题最严重的区域。

表 1-1 1994 年、2004 年及 2014 年我国各地区海洋渔业人口与从业人员比较

	1994 年				2004 年				2014 年			
地区	渔业乡	渔业村	渔业户	渔业人口	渔业乡	渔业村	渔业户	渔业人口	渔业乡	渔业村	渔业户	渔业人口
单位	个	个	户	人	个	个	户	人	个	个	户	人
全国总计	325	4 125	1 350 226	5 267 401	394	4 004	1 394 227	5 058 608	378	4 177	1 441 104	5 706 591
北京											170	510
天津	3	26	3 645	8 965	3	27	6 818	16 935		6	3 164	11 797
河北	17	89	28 849	118 573	12	80	33 386	134 677	12	83	38 207	156 964
辽宁	23	311	102 890	342 609	94	440	111 563	425 686	77	374	135 369	519 132
上海		17	3 316	11 511		9	2 301	8 744		5	881	10 472
江苏	17	182	49 715	158 259	10	115	53 300	164 938	12	101	42 529	263 214
浙江	98	843	265 580	940 686	79	606	234 315	737 911	68	616	222 778	687 627
福建	33	441	326 236	1 464 065	45	511	320 555	1 358 544	53	582	354 241	1 419 999
山东	37	680	299 623	1 015 802	70	943	301 521	926 393	62	857	278 345	901 572
广东	71	1 211	179 402	794 652	61	860	206 733	987 057	70	1 071	227 148	1 089 316
广西	4	83	32 177	138 314	5	110	57 567	231 555	5	110	64 863	309 211
海南	22	242	58 793	273 965	15	303	66 168	66 168	19	372	73 579	337 287

资料来源：笔者自绘。

注：数据来源于 1995 年、2005 年、2015 年《中国渔业统计年鉴》。

1.2 相关领域研究现状综述

海岛本身具有其特殊性，目前已经有多位国内外学者基于多个角度与领域对此开展了系统化研究工作，能够为舟山群岛聚落建筑空间的研究提供基础支持。

1.2.1 国内外关于海岛的研究

(1) 国外关于海岛的研究

国外针对海岛开展的研究时间较早，而且研究深度与广度也相对较好。比如联合国基于广阔视角研究分析了海岛问题，在1992年举行的联合国环境与发展大会上通过了《21世纪议程》，针对小岛屿可持续发展问题做出了系统化阐述，随后在1994年发布了《行动纲领》，其中要求世界各国通过多项举措做好岛屿资源开发管理工作，以实现岛屿可持续发展。

日本作为典型的海岛国家，在海岛问题研究方面重点集中于偏远孤岛界定方面，陆续发布过多个孤岛振兴的法律条令。而韩国作为半岛国家，其在海洋水产部设立之前，就已经在内政部的协调之下制定实施过多个有关岛屿开发与发展的规划条例，在1997年针对独岛等岛屿的生态环境与自然景观保护问题颁布实施了特别法。

美国在海洋开发保护方面强调基于立法层面进行规范发展，比如在1972年颁布实施的《美联邦海岸带管理法》，其中针对“河口自然保护区”做出具体化且具有指导性的概念界定。美国得克萨斯州针对山姆洛克岛的开发保护制订了明确的管理计划，而佛罗里达州则针对威顿岛的开发保护出台了具体的政策和方案。除此之外，澳大利亚、加拿大等国也都针对海岛管理与保护问题出台了相关法律法规或者是管理规范，并引入民间组织参与其中，为海岛生态系统与野生物种的保护提供支持。

国外在海岛旅游开发方面也进行过深入且全面的研究，是学术界的一项重点研究课题。

(2) 国内关于海岛的研究

国内针对海岛型文化开展的研究最早出现于20世纪90年代，代表学者为陈伟(1992)，在其所著的《岛国文化》一书当中针对岛国文化的基本特征与冲突融合问题进行了研究探讨。在此之后所开展的研究大部分都是基于某个区域视角分析海岛文化，具体内容包括海岛宗教、语言文字、旅游文化以及生活形式等。

而在海岛旅游开发方面，国内有多个研究机构以及相关领域学者开展过深入研究，比如黄仰松(1995)等针对国内海岛旅游资源进行了调查与评价，并在此基础上明确了海岛旅游业在经济体系中所能够发挥出的作用与所处地位，并提出了具有可行性的开发策略。学者陈升忠(1995)针对广东省所拥有的海岛旅游资源进行了研究探讨，明确其基本特征与开发概况，并提出了其中暴露出来的主要问题，在此基础之上制定了发展路线。学者张耀光等(1995)研究分析了辽宁省海岛旅游资源，评价其基本特征，并作出类型划分，由此明确了国内省域海岛旅游空间层次。邓伟等(1996)、潘建纲(1997)以及李植斌(1997)等则是分别针对辽宁、海南以及浙江等三个省份开发海岛旅游资源问题做出了分析探讨。

而在单体海岛小空间研究方面，学者汤小华(1997)与黄耀丽等(1998)分别针对福建平潭岛与珠海万山区进行了分析探讨。而学者陈砚(1999)则针对福建省厦门市小型海岛旅游开发所具备的潜力空间做出研究。学者王荣纯等(1999)针对山东省烟台市的小海岛旅游在社会旅游行业中所处地位做出分析。学者施素芬(2000)基于气候资源视角研究论证浙江省大陈岛所具备的旅游开发潜力。学者乐忠奎(2000)通过可持续发展理论研究分析了浙江省舟山群岛在旅游开发方面保护生态环境的问题。除此之外，学者郭文杰(2000)将印尼Bintan海岛旅游作为案例，研究分析了旅游度假村模式之下的单体海岛小空间利用问题。学者盛红(1999)针对海岛旅游开发所需要重点解决的可持续发展问题做出了分析论证。学者田克勤(2000)基于战略视角研究分析了山东省单体小海岛旅游开发问题。学者贾洪玉等(2001)研究提出，在海岛资源开发利用过程当中，应重点关注到可持续发展问题，避免进行过度开发。学者白洁(2002)研究认为，在针对单体小海岛进行旅游开发过程中，需要有效解决生态、资金以及体制等相关制约问题，并贯彻执行可持续发展战略，走现代化生态海洋开发的新发展道路。学者柴寿升等(2003)研究论证了山东省海岛旅游开发问题，针对基本现状做出评价，并提出具体的策略。学者马晓龙等(2003)在参照国外成功经验的基础上，针对国内海岛旅游开发做出评价，并提出具体的开发策略。

(3) 关于海岛生态系统的研究

对于海岛生态系统而言，其本身具备鲜明特性，包含大量陆上不存在的物种资源，这不但能够作为物种进化研究的关键标本，同时也能够为人类开展生产与生活活动奠定资源基础。但是，海岛在地理条件方面具有一定特殊性，比如与陆地相距不远，这就决定了在生态系统上会表现出脆弱性，不论是自然因素还是人为因素，都将影响到海岛生态系统，甚至带来明显破坏。尤其是最近几十年时间里，因为无节制地开发利用海洋资源，导致海岛生态系统遭到严重的人为破坏。相关统计结果显示，最近几百年时间里，全球灭亡的爬行类、鸟类以及两栖类生物物种中，有90%出现在海岛，至于哺乳类生物物种也有50%是出现在海岛，其原因主要集中在人类迁居与外来物种入侵方面。所以，在评价海岛生态风险过程中，人类应重点解决的问题就是保障海岛生态环境与物种资源的完整性，实现可持续的开发利用。尤其在当前工业化高度发达的社会背景之下，人类更应该注意避免过度开发利用。和其他类型的生态系统相比而言，海岛生态系统因为是孤悬海外，周边都被海洋所环绕，所以陆地生态因子会明显受到海洋水文规律的影响，这使得海岛生态系统本身会具备多元化生态系统特征，即海洋、陆地以及湿地等。

海岛生态系统研究最早发轫于达尔文创作的《物种起源》(*The Origin of Species*)一书，而现代意义上的海岛生态系统研究则是从1935年开始，当时英国学者Gtansley率先明确提出了生态系统这一概念。在此之后，联合国教科文组织在1973年制订并实施了“人与生物圈”(MAB)计划，主要针对岛屿生态系统科学开发与利用做出了远景规划，而这也是全球在海岛生态系统研究上的一个重要里程碑。

从20世纪90年代开始，各国学者针对岛屿开发问题做出了大量的研究，并取得较多的研究成果，为后续开展更为深入的研究提供了指导与支持。学者们针对海岛生物学与地理开展了理论分析，研究论证海岛物种数量和海岛面积、岛陆距离等因素存在的关联。其他学者研究认为,海岛生态系统本身具有明显的脆弱性,非常容易受到外部因素的干扰,进而出现退化,如果想要恢复是非常不容易的。也有学者针对海岛生物群落进行了分析探讨,认为海岛生物群落通过长时间的演化会形成独特的动植物区系缀块,可以为受威胁物种提供庇护之地。

国内针对海岛生态系统开展的研究大部分出现在"八五"与"九五"的两次全国海岛调查的时间段内,为海岛生态系统研究分析提供了重要支持。随后,国内部分学者立足于海岛调查结果,研究论述了海岛生态系统建设对策。如张耀光与陈树培等在著作中专门开设了"海岛景观生态系统建设"的主题内容。从 20 世纪末开始,全国性海岛研究陆续取得成果,比如张耀光等(1995a,1997)在宏观层面上研究分析了海岛山地利用与开发问题,并基于可持续发展层面针对国内 12 个海岛县下属的海岛开发做出论证。总体而言,国内研究对象更多的是以崇明岛以及南澳岛为主,这主要是因为上述两个海岛是位于上海市与广东省这两个经济发达省市。崇明岛主打的是生态岛建设,而南澳岛则是重点开展生态经济产业链建设。

国内外在海岛开发利用方面开展的研究,重点集中在海岛立法以及海岛旅游这两个维度。总体来看,在海岛生态系统方面尚未开展充分且深入的研究,至于群岛人居环境建设的研究更是凤毛麟角。最近几年时间里,海洋开发利用成为一项热点课题,这使得海岛研究具备了更加突出的价值。据此,本书针对群岛人居环境营建体系开展的研究也就具备了一定的现实价值。

1.2.2 国内外关于海岛渔村与聚落的研究

针对本次课题,对渔村聚落的研究综述主要从渔村产业、渔村聚落人居环境空间、渔村聚落生态环境资源等角度出发。国内外关于上述领域的研究集中在建筑学、城乡规划学、地理学、经济学和生态学等几个学科。

(1) *渔村聚落产业研究*

地区的产业结构很大程度上决定其经济形势与发展趋势,很多学者从产业、经济的角度对渔村建设进行了剖析与规划。渔村经济变迁的影响因素主要有海洋产业的演变、地方政府的制度服务、能人效应及制度与环境的相容性。渔村建立后,渔民从分散的生活改变为集体组织化的生活,变成有严密组织性的、同于社会基本的行政管理的群体,据此形成社会地域概念以及社会责任意识。同时发展集体经济,使得渔民具备了更高的经济地位(韩兴勇,2013)。汪泉分析了渔村产业结构转换的轨迹:首先由渔业为主的产业结构转向渔业和非渔产业共同发展的结构,再由以渔村工业为主体的结构转为渔村工业与渔村第三产业协调发展的结构;同时劳动力不断向非渔产业转移(汪泉,2008)。同时,在对渔村转型发展旅游业等方面,有从旅游经营、游客体验、地理学、旅游发展动力模型等角度加以研究的(Conlin and Baum, 1995; Wergin, 2012; Pizzitutti, 2014; Rengarajan, 2014; Sun, 1994)。

当前的研究将重点放在政策导向变化以及产业结构升级上,但是缺少渔村聚落生产活动中对空间聚落自发性的影响方面的研究,也没有从建筑规划的角度考虑如何反哺渔村聚落产业的发展。

(2) 渔村聚落生态环境资源研究

学者从广义聚落生态环境角度剖析了地形、气候、地质、水资源、土地资源等自然环境直接影响因素和区位、交通、生活方式等间接影响因素,总结了作用机制,指出自然环境因素对农村建设的重要现实意义(高塔娜,2014)。李芗的研究表明,随着聚落经济形态的高级化演变,聚落生态特征中的自然性逐步减弱,其经济性、社会性特征则逐渐增强,并逐步成为制约聚落生态空间特征的重要因素(李芗,2004)。

对渔村及周边海域管理的研究上,主要集中在海岸带管理规划、海洋空间规划等领域(Abd-Alah, 1999; Shucksmith, 2014; Kelly, 2014)。在对渔村周边生物资源与经济方面的研究中,学者找取了加拉帕戈斯群岛、塞浦路斯、特立尼达和多巴哥、东南亚岛国等实例(Persoon and Weerd, 2006; Baine, 2007; Karides, 2014)。面对海岛渔村空心化现象日益突出的问题,在新时期的国家战略规划下,应通过对海岛有限土地资源的有效利用拉动海洋经济增长,有效地解决海岛空心化问题(张焕,2012)。

自然环境、资源分布对渔村聚落的规模、形态等方面都有深远的影响,但是相关聚落生态研究落实在渔村角度的较少。

(3) 渔村聚落人居环境空间研究

聚落人居环境的研究几乎没有专门针对渔村的。因此,需要横向借鉴人居环境大学科的相关成果,结合到对海岛人居环境研究的过程中来。

刘加平(2016)等较为全面地实现了从理论到实践全过程的群体研究活动。依托我国西部地区的人居环境,针对传统聚落中所蕴含的生态经验进行了定性与定量的科学化与技术化研究。最近,该团队对南海南沙群岛等极端湿热气候条件下的热带渔村聚集区域展开研究,对本课题东海范围的研究有借鉴意义。

山地是承载渔村聚落的一种主要地理形态,也是个生态脆弱,台风、旱灾、水灾等灾害频繁的地区,因此“山地人居环境学”的理论体系架构与一系列的实证研究(赵万民,2011)及人居环境防灾减灾(吴庆洲,2002)对海岛人居环境研究有重要的指导意义。

东海一部分包含在“长三角”地区的范围内,贺勇(2007)等基于经济、社会以及资源等多个层面针对长三角区域聚落环境可持续发展问题做出了研究分析。

渔村空间结构建立在内部环境基础之上,其中的生产空间与生活空间是彼此分离却又相互联系的关系。通常而言,生活区建立在山岙高处,因为这里更具安全性;而生产区则处于海湾边缘。宗教文化建筑一般建立在生活区边缘地带,以方便在出海之前组织开展拜祭活动(潘聪林,2015)。与城市聚落边界相比而言,渔村的聚落更具有模糊性、复杂性以及不确定性,这就决定了边界形态是多元化的(浦欣成,2013)。空间概念在聚落的空间组成当中是通过住居的大小、住居的方向以及住居之间的距离表现出来的,并进行了数理分析(王昀,2009)。林涛(2012)通过对浙江乡村集聚化的背景、动因及其现行模式的分析,探析集聚化进程中聚落空间演进的动力特征和空间要素。2009 年国外学者 Fred Gray 的 *Designing the Seaside* 一书专门介绍了对渔村等海岸空间的设计策略。

1.3 研究对象及意义

进入21世纪，国际海洋形势日益严峻，国际竞争的主要领域必将包括海洋在内，且以涉海领域高新技术为引领的经济竞争也将愈演愈烈。现阶段，海洋已逐渐成为各发达国家所争夺的领域，人口向海移动的趋势越来越快，全球经济新的增长点也将包括海洋经济在内。

1.3.1 研究背景

(1) 区域海洋经济地位大幅提高

作为一个海洋大国，我国的管辖海域面积在300万km^2以上。20世纪90年代至今，我国海洋经济的年均增长率一直在两位数以上。在全国国民经济体系当中，海洋经济的地位也越来越高，在国民经济的新增长点当中占据着重要位置。据统计，2007年，我国海洋生产总值为24 929亿元，和2006年相比提高了15.1%，在国内生产总值当中占比达到了10.11%。此外，新兴海洋产业的快速发展也在很大程度上推动着我国海洋经济的发展，其中包括海水养殖、海洋医药及滨海旅游等产业的发展。

舟山市隶属于浙江省，是我国海洋经济发展的重点城市，并且舟山是由群岛组成，所以多年来舟山市一直被称为中国渔都。隶属舟山市管辖的海域面积十分辽阔，所以在沿海城市方面，舟山市具有较高的区域优势。舟山市在发展过程中形成了具有自身特色的多种产业群，目前仍然有较大的开发潜力。在舟山市发展海洋经济的过程中，应该不断积累自身的物质基础，重视对各种海域资源的应用，发挥第三产业的特色。这几年舟山市一直重点发展港口，提高服务质量，以此来带动城市的经济发展，围绕海洋经济，发挥海洋优势，建设沿海发达城市。2008年，舟山市的海洋经济增加值已经超过300亿元，对比上年同时期增长幅度超过17%。目前舟山市已经形成港口、物流、旅游、渔业等各种产业结合的特色经济发展体系。

(2) 海洋经济发展对海洋科技提出了新的要求

20世纪80年代以来，西方各大国家都高度重视高新技术产业的发展，同时也将发展的重心放在海洋上，美国、日本、英国都做出了发展海洋高级技术的决策。在21世纪，海洋政治、海洋经济则会发挥越来越重要的作用，推动国民经济增长的最主要因素也是海洋科技。目前我国已经建立了合理的海洋技术研发队伍，拥有众多高学历人才，建立了众多实验室，初步形成了海洋高新技术的基本研发体系。我国目前在海洋科技方面也逐渐取得重大研究成果，但是相比于西方发达国家来说，仍然有较大的发展差距，在海洋科技投入和海洋科技产出方面仍然落后于西方发达国家。

(3) 海岛人居环境能够为舟山群岛新区发展提供基础支持

舟山群岛新区是我国首个群岛新区，2011年正式设立舟山群岛新区的目的就是打造新加坡类型的世界级港口城市。国务院也明确指出了舟山群岛新区的发展任务，舟山群岛新区要形成自己独特的经济体系，从而拉动整个长江流域的经济发展。在舟山群岛新区的影响下，舟山市的经济环境和居住环境都发生了明显的变化。但是由于舟山群岛新区自身的生态系统比较脆弱，资源种类比较特殊，所以应该有长远的战略，不断完善基础设施，形成更加宜居的环境体系。

1.3.2 研究对象

(1) 舟山群岛自然条件概况

① 地理区位

舟山群岛介于北纬 29°32′～31°04′、东经 121°31′～123°25′之间。东西长 182 km，南北宽 169 km。同时，舟山群岛新区与上海、宁波等大中城市紧紧相连，面向太平洋，背靠中国腹地，有十分优越的地理条件。同时舟山市是我国南北航线的中枢，也是长江流域的重要枢纽之一，作为我国的海上战略支撑基地，舟山市应该发挥自己独特的地理优势。

② 地形地貌

舟山群岛为海岛丘陵区，海岛地形起伏，山间和滨海分布小块平原，海岸线蜿蜒曲折，以基岩和泥质岸为主。岛屿呈现出西东走向。从南部来看，舟山群岛的岛屿数量较多，海拔较高；从北部来看，舟山群岛的岛屿较小，分布十分稀疏。自西向东来看，舟山群岛的海域也逐渐变深。舟山群岛超过 1 km^2 以上的岛屿数量超过 50 个，而舟山群岛总岛的面积超过 1 300 km^2。作为我国最大的群岛，舟山群岛还有众多环绕的小岛，其中舟山岛最大。舟山岛总面积超过 500 km^2，是中国第四大岛屿。舟山群岛的陆地面积占总面积的 60%以上，群岛海岸线总长度超过 2 400 km，人工海岸线超过 500 km，占总海岸线长度的 21.6%。

③ 气象水文

四面环海的舟山群岛属于北亚热带南缘海洋性季风气候。这里冬季和夏季都比较长，春季与秋季则比较短，有着分明的四季和充足的光照，湿润温暖。相较于相近纬度的内陆来说，舟山群岛的总体气候特征是冬季与夏季温差比较小，冬天不会特别冷，夏天也不会特别热。舟山群岛多年的平均气温在 15.5～16.7℃之间，从现有的统计资料来看，这里所出现过的最高气温与最低气温分别是 39.1℃(1966 年 8 月 6 日)和－7.9℃(1981 年 1 月 31 日)。域内多年平均降雨量为 980.7～1 355.2 mm 之间，且呈现出从西向东逐渐递减的趋势。多年平均水面蒸发量与陆面蒸发量分别是 1 208.7～1 446.2 mm 和 670.8～774.4 mm。每一年的降水量都集中在两个时间段，一是 9 月份的台风雨，二是 4 月份到 7 月份的春雨。总体来看，舟山群岛域内降雨的时空分布特征如下：

首先，从时间分布上来看是不均匀的。舟山群岛每一年的降雨量都不一样，存在一定差距，最高值超过了最低值的 2 倍之多。不过每一年的降雨量都集中分布在 5 月份到 9 月份，其中每年的 6 月份与 9 月份会出现最大值，年内降雨量最高值为“双峰”型，6 月份是因梅雨而形成了最大值，9 月份则是因为台风雨而导致最大降雨量的出现。

其次，从空间分布上来看也是不均匀的，其境内降雨量呈现出从西南向东北部逐渐递减的趋势。

海岛气候的一大特征是常年多大风。由于春季气压比较低，冬季冷空气影响比较大，从而使得舟山群岛形成了春天海雾多、夏秋季台风多的气候。平均每年有 110 天是 8 级以上的大风天气，受台风影响，7 月份到 9 月份的瞬时最大风力甚至可超过 12 级，最大风速超过了40 m/s。冬天冰雪比较少,无霜期平均长达 296 天,日照充足。

舟山群岛和大陆是隔离开来的,没有过境客水,山低源短,所有水资源都是靠降水来补给的。比较分散的岛屿导致地面径流存在较大差异,河流非常小且源短,季节性间歇河流比较多,水系并不发达,不过可灌溉农田。在舟山群岛当中,其中 18 个比较大的岛上共有 1 023条河流是单独入海的,全长 737.2 km,域内最大的河流是位于舟山本岛中部的白泉河,有 59.2 km^2 的流域面积,其干流长 10 km。每一个岛上几乎没有相通的河流。

舟山本岛拥有 27 907.2 万 m^3 的水资源总量,其中包括 6 893.1 万 m^3 的地下水资源,人均水资源拥有量为 634 m^3。作为一个缺水的海岛,舟山群岛有 1 571.6 万 m^3 的地下水是可开发的,且山丘区基岩裂隙水在地下水当中占比非常高,很少有平原潜水。绝大多数的地下水都是矿化度在 2.0 g/L 以下的淡水,少部分海滨地区有少量咸水或是微咸水存在。

作为一个资源性缺水地区,舟山群岛平均 1.2 年就会遭遇一次干旱,这也是舟山市最主要的自然灾害,给当地的经济发展和居民生活带来了很大影响。1996 年,舟山市梅雨期降水量下降,夏季与秋季的时间比较长,多晴朗天气,雨水少,全市小型以上的水库有 184 座,其中干涸的就有 160 座,干裂的山塘、池塘库超过了 3 000 座,至 1996 年 9 月 15 日,全市仅有 637 万 m^3 的蓄水量,在总蓄水能力当中的占比只有 5.1%,因此只能租用轮船从上海长江口及宁波进行运水。

④ 资源优势

舟山群岛区位优势突出,有着丰富的资源,优势资源项目也比较多,包括港口、海洋和旅游等,近些年呈现出了较好的经济社会发展势头。同时还在深入推进新区规划建设工作,国土资源管理工作的规范化程度比较高。有着“千岛之城”之美誉的舟山还是我国有名的佛教圣地,旅游资源也十分丰富,是我国著名的旅游景区,拥有多个国家级风景名胜区及省级风景名胜区,包括嵊泗列岛、桃花岛等,此外,其还有我国唯一一个海岛历史文化名城定海。

舟山附近海域有着优越的自然环境和丰富的饵料,多种习性不一样的鱼虾都选择在这里栖息、繁殖、洄游与生长。舟山群岛共计有 1 163 种海洋生物,根据类别来划分的话,则有 91 种浮游植物、103 种浮游动物、480 种底栖动物、131 种底栖植物以及 358 种游泳动物。大黄鱼、小黄鱼、带鱼和墨鱼是舟山四大经济鱼类。

舟山的风能、潮流能、潮汐能和海底油气等资源也十分丰富,在发展新兴产业方面不仅条件良好,且基础优势突出,这里所说的新兴产业包括海洋新能源、海洋生物产业等。滨海砂矿、石油与天然气、海底多金属结核与多金属软泥是海洋矿产资源的三大类。

(2) 舟山群岛的历史沿革及行政区划

① 历史沿革

要想系统、深入了解和分析舟山群岛人居环境历史变迁,便于时空对应,我们还需要回顾分析舟山群岛的历史。

舟山群岛有着悠久的历史,在 5 000 多年前的新石器时代岛上就有人居住。人们在舟山群岛西北部的马岙镇原始村落遗址上发现了舟山群岛原始村民所创造的神秘灿烂的“海岛河姆渡文化”,这是由 99 座土墩所组成的。

根据《史记》记载，秦朝徐福曾四处寻找长生不老药，瀛洲、蓬莱与方丈都是其寻找仙药的地方，而其中的“蓬莱仙岛”实际上就是现在舟山境内的岱山岛。史学家们曾分析指出，徐福曾途经舟山群岛，从这里东渡日本，现在岱山岛上面建有“徐福亭”等。

南宋《宝庆昌国县志》曾记载：舟山在夏商时期是属于越国东南境的，到了周朝则属于越国句东，春秋时期的舟山被称为“甬东”。西周时期，楚国打败了徐偃王，战败的徐偃王随后徙居至现在定海区临城城隍头并筑城立国，现在还有一个偃王祠留于鼓吹峰下，这个遗址也被后人称为“徐城”。定海最早的城址就是徐城。根据《左传》记载，公元前 5 世纪，卧薪尝胆、励精图治的越王勾践起兵伐吴，战胜，随后勾践让夫差“居甬东，君百家”，不甘受辱的夫差还没有到达甬东就自杀了，而舟山最早的古称就是这里所说的甬东，且甬东村名一直沿用至今。

战国时，楚国打败越国，于是舟山群岛隶属于楚国。公元前 222 年，秦王于该地与其他各诸侯国汇聚。舟山群岛在两汉、三国、晋朝、宋朝都得到了开发。在公元 589 年，隋炀帝合并县区，将舟山群岛划分到句章县。唐武德四年(621)，甬东归鄞州。八年，又废鄞州置鄮县，甬东属之。

公元 738 年，也就是唐开元二十六年，江南东道使节访问如今的舟山群岛，古甬东境始置翁山县，下辖富都、安期、蓬莱三乡，王叔通兼任翁山县第一任县令。公元 762 年，翁山县设立富都监，隶属于朝廷管辖。公元 777 年，翁山县废除隶属于鄮县(《新唐书》)。根据唐朝的史料记载，在公元 763 年，由于反贼造乱，鄮县废。公元 978 年，废翁山入鄞县。

公元 1074 年，王安石上奏要求在全国范围内推行县治。宋神宗采纳王安石的意见，将蓬莱乡、安期乡、富都乡赐名为昌国。设立该县区的目的是与蓬莱相连接，同时向东监控日本的行为，壮大自身的国势。

公元 1278 年，舟山市人口骤增，于是朝廷在舟山市范围设置昌国州，而昌国县仍然由州府管辖。公元 1290 年，朝廷撤销昌国县。公元 1369 年，朝廷将昌国州的区域改名，为县治。明太祖在治理东南海防的过程中，将昌国州作为自己起义的根据地。由于此原因，朝廷将昌国州所有居民尽数遣散，并在次年彻底废除昌国县，仅仅在舟山区域遗留了两所军事机构。

公元 1646 年，鲁王在舟山群岛成立南明政权，南明政权发展至公元 1651 年。由于清兵大举进攻舟山区域，致使舟山区域的居民死伤超过上万。在公元 1657 年，清军再次攻占舟山，区域朝廷由于舟山区域的历史，将其定义为不可踞守，所以撤出了舟山区域内的居民。

公元 1684 年，朝廷颁布相关文件，命令打开海禁，舟山群岛的渔业也开始逐渐兴旺，朝廷将镇海总兵部转移到舟山区域。公元 1686 年，康熙皇帝将舟山改名为定海，并题“定海山”匾额。

公元 1840 年，鸦片战争爆发，定海被英法联军攻陷。公元 1841 年，英军在定海撤退，定海镇总兵葛云飞重新组建队伍，于 1841 年 4 月将定海相关防务布置完全。

公元 1911 年 11 月，定海正式被收复，朝廷将定海改名为定海县。民国三十八年(1949)，定海县分为定海、滃洲两县。

1949 年 7 月，在宁波正式成立定海县人民政府，1950 年 5 月，定海县人民政府转移到定海城关工作。1953 年，浙江省政府决定成立舟山群岛特区，同年 6 月，国务院批准舟山专区的建立，下辖4个县城。1954年，浙江省政府增设象山县。1987年1月，撤销舟山地区，建立舟山市。1989年浙江省政府撤销定海县和普陀县，将舟山市分为两个县和四个区。

舟山群岛历史上的建制沿革见表1-2所示。

表1-2 舟山群岛历史上的建制沿革

时间	隶属	沿革	备注
公元738年(唐)	江南道治下的明州	翁山县	
公元742年(唐)	江南道治下的余姚郡	翁山县	
公元771年(唐)	江南道治下的明州		并入鄮县
公元909年(五代)	吴越国下设的望海郡		将鄮改换成鄞
公元1077年(北宋)	浙东道治下的明州	昌国县	
公元1081年(北宋)	两浙道治下的明州	昌国县	
公元1131(南宋)	浙东路治下的明州	昌国县	
公元1196年(南宋)	浙东路治下的庆元府	昌国县	
公元1278年(元)	庆元路	昌国县	
公元1369年(明)	宁波府	昌国州	
公元1381年(明)	宁波府	昌国县	
公元1686年(清)	浙江省治下的宁波府	定海县	
公元1841年(清)	浙江省治下的宁波府	定海直隶厅	
公元1911年(民国)	浙江省	定海	
公元1949年上半年(民国)	浙江省	定海县	滃洲县设在岱山高亭
公元1950年(新中国)	浙江省	定海县	废除滃洲
公元1953年(新中国)	浙江省舟山专区	定海	把江苏治下嵊泗划入
公元1954年(新中国)	浙江省	象山县	
公元1987年(新中国)	浙江省舟山市	定海	撤地设市

资料来源：笔者自绘。

舟山的文明历史可以从公元前220年追溯至今，所以定海古城也是我国著名的历史文化遗产，在舟山群岛拥有众多的古迹。1991年浙江省政府正式批准将舟山市设立为历史文化名城，同时舟山市也是全国唯一一座拥有海洋发展历史的文化名城。

② 行政区划

在舟山市下设有区、县各两个，其中两区是定海区与普陀区，两县则是岱山县以及嵊泗县（见图 1-2、表 1-3）。

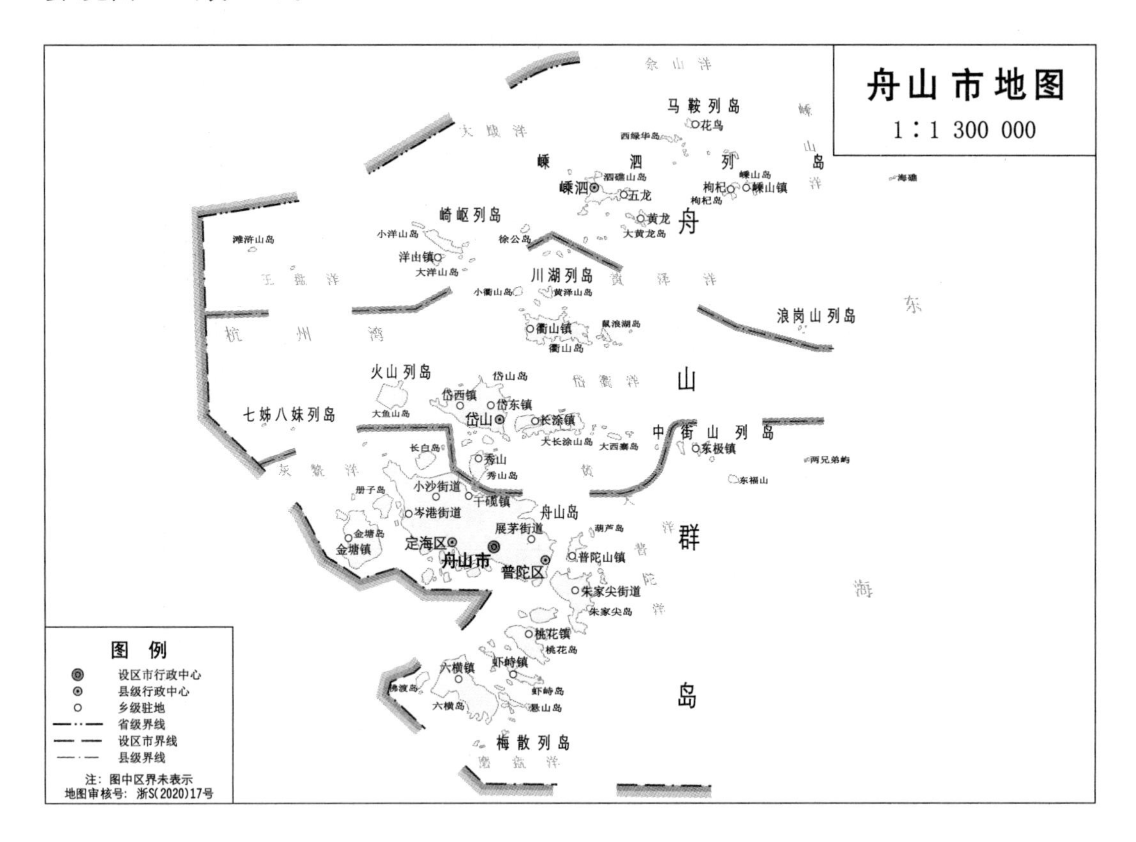

图 1-2　舟山市行政区划

（图片来源：https://zhejiang.tianditu.gov.cn 天地图网）

表 1-3　各区县岛屿数及区域面积统计表

区县	岛屿数/个	面积/km²	陆地面积/km²	海域面积/km²
定海区	127	1 444.00	568.80	875.20
普陀区	454	6 728.00	6 728.00	6 269.40
岱山县	404	5 242.00	326.83	4 915.17
嵊泗县	404	8 824.00	86.00	8 738.00

资料来源：笔者自绘。

(3) 舟山群岛人口数量及分布概况

全市常住人口为 1 157 817 人，其中定海区常住人口 358 720 人、普陀区 347 634 人、岱山县 207 982 人，嵊泗县 66 903 人，新城 169 164 人，普陀山 7 414 人（见表 1-4）。

表 1-4 舟山各行政区人口统计表

项 目	第一次 1953.7.1	第二次 1964.7.1	第三次 1982.7.1	第四次 1990.7.1	第五次 2000.11.1	第六次 2010.11.1
一、总户数/万户	**11.89**	**14.66**	**24.63**	**30.25**	**36.07**	**45.48**
家庭户平均每户人数/人	4.23	4.72	3.55	3.17	2.73	2.39
二、总人口/人	**503 820**	**692 383**	**904 506**	**976 132**	**1 001 530**	**1 121 261**
1. 按性别分						
男	255 696	351 433	458 242	495 839	506 171	588 414
女	248 124	340 950	446 264	480 293	495 359	532 847
2. 按民族分						
汉 族	503 818	692 252	904 222	975 613	999 166	1 109 813
苗 族		6	8	9	836	3 089
土家族				12	483	2 861
回 族	2	95	244	403	449	1 148
彝 族			2	2	42	724
布依族			1	9	131	562
满 族		4	13	34	68	432
其 他		26	16	50	355	2 632
3. 按文化程度分						
大专及以上		1 221	4 001	11 658	33 107	115 286
高 中		5 445	50 885	75 336	122 249	138 542
初 中		23 519	175 206	238 689	327 691	398 202
小 学		195 570	375 804	380 412	356 443	341 269
文盲、半文盲 (15 及 15 岁以上)			197 916	166 951	95 512	77 577
4. 按年龄分:						
儿童人口(0—14 岁)			235 610	208 572	153 012	114 265
老年人口(60 岁以上)			72 019	94 250	128 808	176 331
其中:(65 岁以上)			47 810	61 631	93 404	117 770
劳动年龄 (男 16—59 岁,女 16—54 岁)			561 435	639 683	686 747	781 648
5. 按县区分						
定海区	191 379	245 863	317 550	342 831	369 448	464 184
普陀区	155 436	223 587	299 023	329 436	346 237	378 805
岱山县	116 717	160 615	206 624	216 523	197 483	202 164
嵊泗县	40 288	62 318	81 310	87 342	88 362	76 108

注:1. 前四次人口普查时点均在 7 月 1 日零时,第五次和第六次人口普查时点在 11 月 1 日零时。
2. 文化程度包括肄业和在校学生。

(4) 舟山群岛社会经济概况

舟山群岛当中最大的岛屿就是舟山岛，因为形状像舟楫，所以得名舟山。舟山的主要优势有三个：旅游、港口与渔业。素有“东海鱼仓”和“中国渔都”美誉的舟山是我国最大的海水产品生产、加工及销售基地。舟山市有许多个港湾，航道纵横交错，水深浪平，我国仅有的几个天然深水良港当中就包括舟山在内。集海洋文化景观与佛教文化为一体的舟山拥有多处风景名胜，包括普陀山等，“千岛之城”独特的山海风光就是由这些不同的风景名胜所组成的。

① 经济结构

2011 年，舟山群岛共实现了 765 亿元的地区生产总值。根据可比价格来计算的话，在过去的五年时间里，其实现了 13%的年均增长率，第一、第二、第三产业的结构比例分别是 9.9∶45.1∶45.0，可见其占据主导地位的是工业产业，但第三产业的发展形势良好，并且朝着更为合理的产业结构方向发展，现市内有如下三大基地：

a. 临港工业

舟山的港口资源优势十分显著，这为舟山船舶工业的发展壮大奠定了基础，并已初步形成了集船舶设计、船舶建造以及船舶修理等为一体的产业体系。舟山市的港口岸线资源突出，其以此为依托来加快推进海洋经济的发展进步，临港工业发展势头良好，尤其是石油化工、水产加工等行业更是发展成为舟山市工业经济的支柱性产业。

b. 港口物流

即将要建设完成的中国战略性资源的储备中转贸易基地、中国大宗商品自由贸易园区和中国海洋综合开发试验区就位于舟山群岛新区——舟山港区。舟山北部靠着上海等大中城市群及长江三角洲的腹地，与太平洋相望，并和釜山等西太平洋主力港口共同组成了一个扇形海运网络，成为我国长江流域和江海联运走向世界的主要的海上门户。港口的深水岸线资源十分丰富，建港的自然条件也很优越，有 246.7 km 的深水岸线是适宜开发建港的，其中 198.3 km 的深水岸线水深超过了 15 m，有 107.9 km 的深水岸线水深超过了 20 m。

c. 现代渔业

作为一个近海渔场，舟山渔场在全球都是占据着重要位置的，其中就包括全球三大渔港之一的沈家门渔港在内。位于舟山海域的舟山渔场共有1 390个岛屿、3 306座礁，这里四通八达，拥有各种鱼群，从长江到钱塘江，从甬江再到曹娥江，都是在这里汇入东海的，不断翻滚的浑浊的海水为渔场带来的浮游生物与饵料都是十分丰富的。此外，这里地处沿岸盐水、淡水及台湾暖流与黄海冷水团交汇处，从水温到盐度都是比较适合海洋生物的成长的，拥有优越的自然条件及生态环境。舟山渔场内遍布各种岛礁，纵横交错的水道，或急或缓的潮流，这些对于各种鱼类的繁殖、生长及栖息来说都是十分适合的。

② 交通情况

a. 连岛工程

作为一个海岛城市，舟山市孤悬海外，这在很大程度上制约着其经济的发展。此外，各岛屿之间都隔着海，并不相连，这给舟楫往来带来了许多不便。为此，我国从 20 世纪 90 年代就开始规划大陆连岛工程。现如今，舟山共建设完成 20 多座跨海大桥，横跨于各岛屿之间的大桥极大地促进了海岛经济的发展进步。岑港大桥是舟山的第一座跨海大桥，其始建于1999年9月26日，随后，我国先后建设完成了响礁门大桥、桃夭门大桥等四座大桥。舟山跨海大桥正式通车的时间是2009年12月25日，并顺利建设完成了大陆连岛一期、二期工程。2005年，东海大桥正式贯通，舟山嵊泗县至上海的通道由此被打通，现阶段还在规划建设六横跨海大桥等工程。

b. 舟山跨海大桥

作为我国最大的岛陆联络工程，舟山跨海大桥同时还是全球最大规模的桥群。舟山跨海大桥横跨4座岛屿、9个涵洞，穿越2个隧道，投资超过上百亿，全长共计48 km，其主要构成部分包括金塘大桥、西堠门大桥、岑港大桥、桃夭门大桥和响礁门大桥等。舟山跨海大桥是根据双向四车道高速公路的标准来设计的，设计100 km/h的行车速度、22.5 m的路基宽度，桥涵和路基的宽度是一样的。西堠门大桥是世界上仅次于日本明石海峡大桥的大跨度悬索桥。

c. 六横跨海大桥

六横跨海大桥起点位于定海县六横岛屿西南侧，终点在宁波市大碶疏港公路嘉溪村附近，中途与规划当中的六横环岛公路南线相接，横跨青龙门多条水道及梅山岛，共计38 km左右长。其中包括3座跨海特大桥、4座互通立交。根据双向四车道高速公路的标准来建设其主线，设计的速度是100 km/h、26 m的路基宽度。

d. 岱山跨海大桥

舟山大陆连岛三期工程的岱山跨海大桥还在建设中，建成之后，能将舟山本岛和岱山岛连接起来，未来将是舟山与上海跨海大桥相连接的重要构成部分。岱山大桥主线工程的长度为21.5 km左右，其中包括17.4 km的跨海大桥长度。岱山跨海大桥以双向四车道高速公路作为建设标准，设计的速度与路基宽度分别是80 km/h、24.5 m。

③ 风景名胜

舟山群岛有着十分悠久的历史，古时候被称为“海中洲”，海岛的景致十分独特，其主色调主要由蓝天碧海、金沙白浪及绿岛所组成。舟山境内有23个岛屿都分布着各种名胜景观，共计1 000多处，包括山海自然景观、佛教文化景观等。其中国家级风景名胜区有普陀山和嵊泗列岛，省级风景名胜区有桃花岛与岱山岛两个，舟山境内的定海还是我国唯一一个海岛历史文化名城。每年前往舟山群岛旅游观光的海内外游客多达600多万，且这一数据还在持续增长。在国内知名度比较大的海岛旅游胜地当中，舟山群岛是名列前茅的。

舟山群岛不仅气候宜人，自然风光独特秀丽，且还拥有奇特的山海景观及诸多名胜古迹。这里常年都保持着16℃左右的气温，冬天不会特别冷，夏天也不会很热，一年四季温暖如春。舟山境内拥有十分丰富的旅游资源，大大小小的岛屿分布在其中，港湾桅帆林立，大海则气势磅礴，海礁怪石突兀，沙滩洁净细软，庙宇古朴清幽，风俗民情十分具有海岛特色，这些共同组成了舟山独特的海岛风光景致。现如今，舟山境内已开发和在建设的各种景观多达上千处。

a. 普陀山

国务院第一批公布的国家级重点风景名胜区当中就包括了我国佛教四大名山之一——普陀山。作为一家5A级国家级旅游景区，普陀山旅游区内涵盖了多个旅游景点，包括南天门景区、紫竹林景区和南海观音大佛等。

b. 朱家尖

国际沙雕组织 WSSA 所鉴定的全球有着最好的沙质及风景的沙滩之一就包括了朱家尖的沙滩。即便和夏威夷群岛的沙质及景致相比，朱家尖的沙滩也要更胜一筹。

c. 沈家门

位于舟山本岛东南部的沈家门是全球三大渔港之一，这里有着独特的渔都景色。每年的鱼汛时节，这里就会聚集着上万艘渔船，十里港区内全是数不尽的渔船。傍晚，渔船上点燃的灯火犹如点点繁星。海岸边的沈家门海鲜夜排档也是闻名全世界的，在其他地方几乎很难见到这样的热闹夜景。

1.3.3 研究意义

作为新时期我国的一大核心战略，开发海洋是有着重要意义的。不过，所有的开发行为都与开发者良好的居住生存环境的支持密切相关。所以，对海岛的人居环境进行深入探讨可为我国科学、有序地推进国家海洋战略提供理论支持与科学指导。只有在多种因素的综合作用下方可形成人居环境，这对于特殊的人居环境——海岛的形成更是如此。所以，本研究将尝试着以地理格局的视角来对海岛的人居环境进行研究分析。

在我国的海域当中，有 7 372 个海岛的面积超过了 500 m^2，其中海岛省有 2 个，海岛县（市、区）有 19 个，海岛乡镇有 190 多个，有 420 多个海岛是常年都有人居住的，现有3 000 万以上的海岛人口。

现阶段，我们还没有能够深入、充分地认识和了解海岛的重要性，针对海岛规划和管理政策的相关研究与实践工作都十分落后，且在海岛开发和管理的过程当中严重破坏了生态环境，开发秩序也十分混乱。因中小海岛地区有着比较特殊的地理环境，因此和普通地区相比，其人居环境问题更突出。虽然动植物学、地理学等多个不同专业领域的专家学者都在探讨分析海岛特色，不过还很少有建筑规划领域的相关人员来讨论海岛人居环境问题，鲜少有相关文献资料。

经过长时间的进化，海岛内的人居环境已逐渐形成了独特的体系，较为完整、相对简单等都是其突出特征。这些特征使得人们在对海岛人居环境进行深入调查与研究的过程当中获得了许多便利，研究起来更为方便。所以，作为一个反映人居环境演进过程的典型性研究载体，海岛可为人们对人居环境自然形成和演化领域的理论及假设进行研究与检验提供便利。

作为我国沿海最大的海岛群，舟山群岛共有 1 390 个大小海岛，在我国海岛总数当中占比达到了 20%左右，这些海岛分布在 22 000 km^2 的海域面积当中，共有1 371 km^2 的陆域面积（见图 1-3）。本书将选择舟山群岛作为案例研究对象来尝试着分析海岛地区人居环境的有关问题。

作为国土资源的一种类型，海岛在一个国家或地区当中的重要地位是不言而喻的。从 20 世纪末开始至今，各国就一直持续不断地开发和利用陆地资源，导致陆地资源量持续锐减。在这一形势背景下，各国纷纷将发展的目光转向海洋。作为海洋的一种重要资源，海岛一方面可将丰富的物质资源提供给人类，另一方面还标志着一个国家的国土主权。《联合国海洋法公约》第 121 条明确规定，用 12 n mile 领海距离来进行计算的话，即便这个岛屿或是岩礁再小都能够获得相应的领海区，且面积达到了 1 500 km^2，另外还可画出面积为 12 n mile的毗连区。若这是一个能够让人类的经济生存得以维系下去的岛屿的话，则还可再划出一片海里专属经济区，为 200 n mile，也就是 43 万 km^2。正因为如此，这几年卷入岛屿之争的国家越来越多，且手段花样百出。从全世界范围内来看，我国所拥有的海岛数量是比较多的，根据 20 世纪 90 年代初期的海岛统计结果来看，我国拥有 6 500 多个面积超过 500 m^2 的岛屿，其中有 224 个岛屿属于中国台湾地区，183 个岛屿属于中国香港地区，3 个岛屿属于中国澳门地区。在我国的南海、东海以及渤海、黄海均有岛屿分布着，这就好比一道天然的国防屏障，其国防、政治及经济价值都十分突出。小岛屿在我国众多岛屿当中数量最多，据不完全统计，我国面积超过 3 万 km^2 的岛屿只有台湾岛与海南岛，面积不超过 1 万 km^2 的岛屿占了大部分。就海岛的成因来分析的话，大陆岛占多数，且都是以沿海山地向海延伸形成的多，海岛上 70%的地形是山地、丘陵及台地。联合国《21 世纪议程》指出，山地这一生态系统是十分脆弱的，而海岛山地的生态系统还要脆弱许多。所以，海、陆脆弱生态系统共同聚集在了海岛之上（王小龙，2006）。

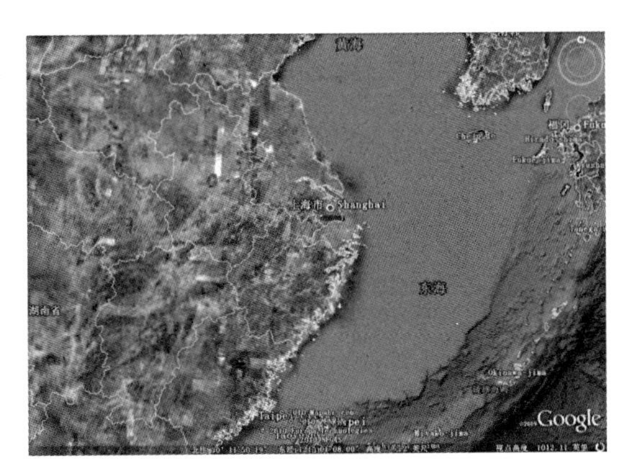

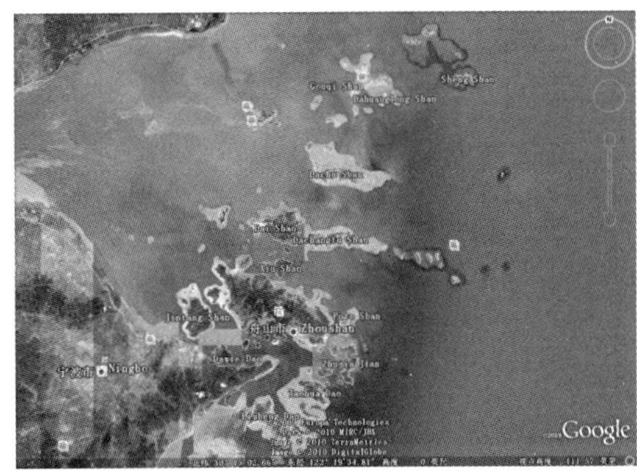

图 1-3　舟山群岛区位图

（图片来源：google earth 截图）

1.4　研究方法及创新点

在人居环境的各载体当中，群岛地区是比较特殊的，这就要求我们在关键领域研究方面要具备一定的创新能力。

1.4.1　研究方法

本书参考了大量的国内外相关文献资料及实践成果，基于此，结合多个学科理论知识，从不同的视角来对群岛人居营建体系概念及其演进的原因、机制等进行了全面的、系统性的分析。本课题在研究过程当中主要运用了如下几种研究方法：

首先，侧重于系统性的整体思维研究。笔者将综合考虑群岛整体的自然、社会等多项因素来探讨分析舟山群岛人居营建体系问题。

其次，侧重于多学科的综合研究。笔者在研究过程当中对生物学、景观生态学等多个学科的研究成果进行了参考借鉴，试图从多个视角出发来对研究对象进行深入剖析，以期能够实现多元求解本课题的目标。

再其次，结合概念和形态来进行研究。笔者在深入解析营建体系理论的基础上对营建体系的形态模式进行了深入探讨。

最后，采用实证研究和理论研究相结合的方法。笔者在课题研究过程当中做了许多的调研工作，参考了许多工程案例，以此来对理论的可行性与科学性进行印证与完善。

1.4.2 创新点

(1) 以多维角度来进行分析，基于此提出了群岛人居这一概念

对有关学科的观念、方法和成果进行参考，从而达到多元求解人居环境的目的。站在地理学、人居环境学等多个角度上来对群岛人居的内涵进行阐释，对人居环境发展及变化的规律予以揭示，最终让这项研究能够具备原创性及开拓性的意义。

(2) 结合方法论来对海岛人居建构关系进行分析

对海岛人居的构成因素及因素间的相互关系进行深度解读。

(3) 从多个角度出发来解读和分析海岛人居营建体系问题

本书分别从海岛人居格局等整体角度以及村落等建设角度出发来营建海岛人居体系。

2 海岛聚落

海岛聚落是人居环境的承载核心，也是岛民在对抗自然与利用自然过程中聚集起来的原点。聚落随着地形环境与谋生方式的不同发展出多种形态。在此以普陀南岙村、定海白泉镇、虾峙河泥漕村为典型案例，调研了聚落的不同形态。

2.1 聚落调研

2.1.1 海岛山岙型聚落——南岙村

舟山群岛稍大些的岛屿都有带“岙”的地名。浙江、福建等沿海一带把山间平地叫岙。“岙”常常和“岭”在一起，岙的周围会有若干个岭。岙是周围高、中间凹下去的地方，像小盆地。海岛较大的岙会有肥沃的田地。渔村的岙往往是避风港，因为其地形是三面环山，一面环海。而海岛农村山岙往往是三面环山，一面是山岙口或山峡或溪坑河流或小平原。南岙聚落就在三面环山、一面通往芦花一勾山小平原的山岙内(见图 2-1～图 2-8)。

图 2-1　南岙村标志

(图片来源：笔者自摄)

图 2-2 南岙村鸟瞰 1

（图片来源：笔者自摄）

图 2-3 南岙村鸟瞰 2

（图片来源：笔者自摄）

图 2-4 南岙村远眺

（图片来源：笔者自摄）

南岙聚落位于舟山本岛东部，隶属于舟山市普陀区东港街道，总面积 2.53 km^2。南岙聚落现主要由老屋、三和、坟头下、翁家弄、中段里、里新屋、外新屋等 9 个小聚落组成，是海岛中典型的农村聚落。

图 2-5 南岙村俯瞰 1

（图片来源：笔者自摄）

图 2-6　村口右侧远眺

（图片来源：笔者自摄）

南岙历史悠久，远在 5 000 多年前的新石器时代就有人类活动。宋端拱二年（989），置芦花盐场管理盐税、生产和收购，南岙灶户（亦称亭户）属之。元大德二年（1298），“南岙”名列《昌国州图志》富都乡 83 岙之一，此为南岙有文献记载之始。

图 2-7　南岙村水源入口

（图片来源：笔者自摄）

聚落在丘陵地带。地势由东向西倾斜，东部宽，西部略窄。南、东、北三面环山，峰岭绵亘，山势平缓与陡峭并存，最高的南中山 300.7 m，次为美女山，为 143.2 m。南中山、美女山山岩峭立，山峦蜿蜒，林木荫翳，水清流长。聚落东，南中山（俗称南岙大山）由远处

图 2-8 南岙村俯瞰 2

（图片来源：笔者自摄）

的黄杨尖山脉经塔岭的顶凉尖山脉蜿蜒而来，而后分两支，形成南北两翼。南中山与南北两翼的美女山、丁家山、狮子山、坟头山、巡山等连成畚斗形聚落，并在白虎首的粉壁山和青龙首的丁家山中间建造慧隆寺(见图 2-9)以此人造景观作为案山，为聚落形成第一道屏障。诸山脉的山峰虽不是很高，但山梁作为纽带连接着各个山体，犹如龙脊，曲折迂

图 2-9 南岙村人造“案山”慧隆寺

（图片来源：笔者自摄）

回。数百亩水田在畚斗形聚落之中。以南中山为主山，中段里小聚落为基址，慧隆寺为案山，远处的芦花山岗为朝山，连成纵轴；以丁家山、岱浦庙岭为青龙山，粉壁山、巡山为白虎山，形成聚落的两翼；以巡山边河和即将并入芦花河的南岙河河段为横轴，形成左右基本对称的风景格局(见图 2-10～图 2-13)。

图 2-10　远眺南岙村村外山脉

(图片来源：笔者自摄)

图 2-11　由西往东远眺南岙村

(图片来源：笔者自摄)

图 2-12　村口高桥头水系 1

（图片来源：笔者自摄）

图 2-13　村口高桥头水系 2

（图片来源：笔者自摄）

聚落外围北部及西部的塔岭顶凉尖山脉和远方的黄杨尖山脉余脉，东南的茅草岗和南部的岭陀山等山脉为南岙聚落形成了第二道屏障，拱卫着南岙，山外有山，重峦叠嶂，形成多层次的立体轮廓线，使南岙聚落增添了“平远，深远，高远”的风景意境，亦强化了南岙聚落藏风聚气的格局（见图 2-14～图 2-16）。

图 2-14　远眺塔岭顶凉尖山脉 1

（图片来源：笔者自摄）

图 2-15　远眺塔岭顶凉尖山脉 2

（图片来源：笔者自摄）

图 2-16　远眺黄杨尖余脉及顶凉尖山脉

（图片来源：笔者自摄）

“水者，地之血气，如筋脉之流通者也”。聚落周围山峦林木茂密，植被良好，南岙村新河为聚落提供了充足的水源(见图2-17)。南中山下修建的南岙水库(见图2-18)，为聚落带来了湿度，每到夏季，给聚落增添了凉意，优化了聚落环境。里新屋大溪坑自东向西流淌，进入南岙河，为南岙水环境增色颇多(见图2-19)。

图2-17　南岙村新河

(图片来源：笔者自摄)

图2-18　南岙水库

(图片来源：笔者自摄)

“穴前无山，则一望无际为空”，南岙聚落缺案山，故先祖于明天启年间创建慧隆寺，后屡毁屡建，现保持了一定规模。从风水学意义上看，慧隆寺作用有三：一是使整个山岙有人造案山，有此建筑物作为内敛围合之场所。二是慧隆寺处在由东(内)向西(外)流的南岙河中后段，在此建寺起到水口山又称水口砂之作用，“水口砂者，水流去处两岸之山也。切不可空

图 2-19 南岙村里新屋溪坑

（图片来源：笔者自摄）

缺，令水直出；必欲其山周密稠叠，交节关锁”。河上建造了慧隆桥，更强化其作用。三是慧隆寺作为风水补充的建筑物，是整个南岙聚落的视线焦点、构图中心（见图 2-20）。

图 2-20 慧隆寺外景

（图片来源：笔者自摄）

舟山群岛虽然岛屿众多，达 1 300 余个，但陆域面积大、适宜人居的岛屿不多，因此早期居民在开发海岛时充分利用海岛土地，根据风水学原理因地制宜选择人居地，山岙是人居地首选之地。南岙张氏先祖于明嘉靖（1522—1566）末将南岙定点为聚落，将坐北朝南的“老屋”作为最早聚落，早期为合院式建筑。发展到明万历三十八年（1610），建筑为体量较大的楼房，以后聚落不断扩充，又析出“三房”，在此建房。后因在附近兴建多处张氏新屋，故将祖先最早定居点名为“老屋”(见图 2-21、图 2-22)。老屋聚落以狮子山为主山，聚落前的面前山为案山，远处的美女山为朝山，左首有倭巢岗余脉，右首有坟头山拱卫，这里形成了岙中岙，是此大岙中最佳人居地。后来随着人口的繁衍生息，析出若干个新聚落，先在老聚落附近的平坡地段又坐北朝南地建新聚落，如“中心北”小山岙。在岙中心找不到坐北朝南之地后，就选择村南美女山杨梅尖岗余脉拱卫的“里新屋”建人居地，于清乾隆三十七年(1772)建廿四间走马楼，后毁于火灾。图 2-23 为现在的里新屋聚落。

图 2-21 老屋聚落全景

(图片来源：笔者自摄)

图 2-22 老屋聚落局部

(图片来源：笔者自摄)

图 2-23 里新屋聚落

（图片来源：笔者自摄）

外新屋（又名鲁家园）聚落也是如此。早期的聚落是清乾隆三十五年（1770）建廿四间走马楼，因台风侵袭、损坏严重，现已拆除。这些聚落包括下面的荒田湾、西岙岭下等小聚落，虽岙口朝向欠佳，但先民们从实际出发，因地制宜，利用改造自然地形地势，创造避寒向阳的宜居小环境（见图 2-24）。

图 2-24 外新屋（鲁家园）聚落局部

（图片来源：笔者自摄）

在平缓的中心地段找不到新的人居点后，就向山岙高坡地段发展，如五房、荒田湾、西岙岭下等小山岙。现这几个人居点由于生产、生活不便，再加上要保护水库水源，均已搬迁到聚落中心地段和坟头下、粉壁山、巡山山脚。图 2-25～图 2-27 为五房、荒田湾、西岙岭下聚落旧址。这些聚落有一个共同特征，即都是大岙中的小山岙。

图 2-25　五房聚落旧址

（图片来源：笔者自摄）

图 2-26　荒田湾聚落旧址

（图片来源：笔者自摄）

图 2-27　西岙岭下聚落旧址

（图片来源：笔者自摄）

图 2-28 为迁徙到坟头山山脚的新聚落。

图 2-28 坟头山山脚聚落

(图片来源：笔者自摄)

2.1.2 海岛平原型聚落——白泉镇

白泉位于舟山本岛中北部。白泉，以境内白泉湖(旧称富都湖、万金湖)得名。宋乾道《四明图经》载："富都湖，在县东北八十里，名万金湖，周广三十里，溉田二百顷。"宋宝庆《昌国县志》载："富都湖……潴水之所狭甚，而泉涌其间，旱车辐辏，未尝少减。"后改称白泉湖，置白泉岙。白泉镇域三面环山，一面临海，背靠大山，临溪而下，直至海滨，呈荷叶状。周广 62 km^2，滩涂面积 28.29 km^2。地势西南向东北略倾。南半部西北东南走向地区，皋洩河谷平原系溪流冲积而成，北半部多系港湾凹处海积平原，地势较平坦，随着时间的推移和多次筑塘围田，平原面积不断扩大，现已形成白泉—北蝉平原(见图 2-29)。

图 2-29 白泉镇

(图片来源：笔者自摄)

老区域三面环山，一面临海，周边的诸山脉分布在城镇周围，山体绿化郁葱，大小有致，成为围绕城镇的绿色屏障，山镇相融。镇域内地下水源丰富，有大旱不枯水井多个，地表面溪、渠、河流有些穿插在街道之中，有些从镇区蜿蜒而过(见图 2-30～图 2-36)。

图 2-30　白泉镇老区域 1

(图片来源：笔者自摄)

图 2-31　白泉镇老区域 2

(图片来源：笔者自摄)

图 2-32　老城区河道

（图片来源：笔者自摄）

建筑和街巷有机地附着于自然地形和河流中，与自然山水融为一体，使山、水、镇交相辉映，相生相息，构成了街区的整体风貌和鲜明特色。

图 2-33　万金湖古井 1

（图片来源：笔者自摄）

图 2-34 万金湖古井 2

（图片来源：笔者自摄）

图 2-35 老城区街市 1

（图片来源：笔者自摄）

早在 5 000 多年前就有先民在此繁衍生息。唐、宋以来，已逐步形成集聚村落。清光绪年间，以十字路为中心始成规模集市。

图 2-36　老城区街市 2

（图片来源：笔者自摄）

白泉聚落地处海积平原，有较高的承载力，因此人口集聚较快，有了一定的人口，就促进了商贸、工业、教育、文化、医疗等社会事业的发展(见图 3-37～图 3-40)。

图 2-37　白泉镇新区域

图片来源：笔者自摄

图 2-38　舟山职业技术学校(舟山技师学院)1

(图片来源：笔者自摄)

图 2-39　舟山职业技术学校(舟山技师学院)2

(图片来源：笔者自摄)

图 2-40　瑞金医院舟山分院

(图片来源：笔者自摄)

舟山职业技术学校于 2015 年 9 月整体迁入白泉河东新校区，投资 5.4 个亿，占地面积 300 余亩，校舍建筑面积 9.4 万 m^2。学校还挂牌“舟山技师学院”。

瑞金医院舟山分院占地 205 亩，一期用地 110 亩，规划总建筑面积为 286 897 m^2。

白泉镇至今仍有一些保存较好的历史建筑，如繁强村协成里王氏民居（见图 2-41～图 2-47）。

图 2-41 墙门
（图片来源：笔者自摄）

图 2-42 第二道墙门
（图片来源：笔者自摄）

图 2-43 天井
（图片来源：笔者自摄）

图 2-44 田中央王氏民居

（图片来源：笔者自摄）

图 2-45 台门

（图片来源：笔者自摄）

图 2-46　正屋

（图片来源：笔者自摄）

图 2-47　田舍王王氏宗祠

（图片来源：笔者自摄）

此外还有下文刘氏民居(见图 2-48～图 2-51)。

图 2-48　保护标志

(图片来源：笔者自摄)

图 2-49　第一进正门

(图片来源：笔者自摄)

图 2-50　第二进

（图片来源：笔者自摄）

图 2-51　第三进

（图片来源：笔者自摄）

潮面村张氏宗祠见图 2-52～图 2-55。

图 2-52　第一进

（图片来源：笔者自摄）

图 2-53　第二进

（图片来源：笔者自摄）

图 2-54　第三进

（图片来源：笔者自摄）

图 2-55　百忍堂

（图片来源：笔者自摄）

白泉近几年快速发展，新的街道、新的住宅不断涌现，其又是一块具有厚重文化底蕴的宝地，这个充满人文故事的老镇，不久将成为舟山高铁小镇。

舟山群岛几个大岛如舟山本岛、六横、岱山、金塘、朱家尖等岛有小平原，但一些中小型岛屿少见小平原，多见的是海湾、港口，因此先民们只能选择那些生活、生产条件较好的海湾作为居住地。虾峙河泥漕是一个典型的海湾型聚落。

2.1.3　海岛海湾型聚落——河泥漕渔村

河泥漕村位于舟山市普陀区虾峙岛东端，岛上山山相连，自西北向东南蜿蜒起伏，至东端分成两叉，中间隔着河泥漕港，呈金鱼形(见图 2-56～图 2-59)。

图 2-56　海湾口

(图片来源：笔者自摄)

图 2-57　海湾局部

(图片来源：笔者自摄)

图 2-58　海湾山岗巨石

（图片来源：笔者自摄）

图 2-59　海湾

（图片来源：笔者自摄）

河泥漕港港湾狭长，南北两山对峙挡住大风巨浪，是大自然鬼斧神工之杰作，是不可多见的泊船避风的良港。港北侧建有雷达导航台一座，为宁波北仑港进出虾峙门的巨轮导航。

河泥漕村两侧是山，中间海湾狭长，像条河，其形似喂家畜的食漕，故名河泥漕（见图 2-60、图 2-61）。

图 2-60 雷达导航台

（图片来源：笔者自摄）

图 2-61 海湾码头

（图片来源：笔者自摄）

村落在弓形海湾内，村落坐北朝南，背后山脉阻挡冬季寒风，青龙、白虎山脉拱卫基址且蜿蜒至东西远处，村落面临河泥漕港，夏季为村落带来凉爽的夏季风。这里自然景观秀丽，沙滩、碧海、异石、海岬、奇峰俱全，人文景观虾峙灯塔和雷达导航台闻名中外。村落民居大多是20世纪七八十年代所建的二层楼房，由于海湾内平地稀少，因此民居基本都建在山坡、岸堤。村落居民是清康熙年间舟山展复后从宁波、镇海等地陆续迁至此繁衍起来。原有近200户700多人，村民均以捕鱼为生，现在有不少已迁移至舟山本岛，近些年有部分村民经营旅游业(图2-62)。

图2-62 海湾边民居

(图片来源：笔者自摄)

2.2 聚落体系现状和主要问题

2.2.1 渔村聚落“三生”系统扭曲的脆弱平衡

渔村处在海陆交界的特殊地理环境，其本身和周边的生态环境恶劣，受到风暴潮、沿海工业污染等自然与人为的威胁，是海、陆脆弱生态系统的汇合。很多渔村聚落选址并不适合“生活”，处在山体陡坡，只是为了靠近大海方便渔业“生产”，其发展会受到更多来自"生态"环境的苛刻制约。因此,渔村聚落"三生"系统先天不足,存在一种扭曲的脆弱平衡。

2.2.2 渔村聚落空间营建的波动与分化

渔村聚落的"生产、生活、生态"三者之间的关系,很大程度上体现在对应的空间形态的营建上(见图 2-63)。在"生态"红利的推动下,东海的渔村有着十分丰富的渔业资源,使得这里聚集了大量的人口,不断扩张的民间等"生活"空间大大增加了海岛等周边"生态"的承载压力,滥捕滥捞的问题十分严重。伴随着渔业资源的衰退,渔村的经济发展随之下降,这里的气候等本身就不适合人类居住,内生性的可持续发展动力也很难出现。渔村聚落空间在这种大起大落的波动中,造成了对生态环境的不可逆的破坏(开山围海造田)、对营建体系的浪费(聚落空心化),并且随着"三生"系统的波动,渔村聚落发展模式逐渐分化,存在营建策略上巨大的转型压力。

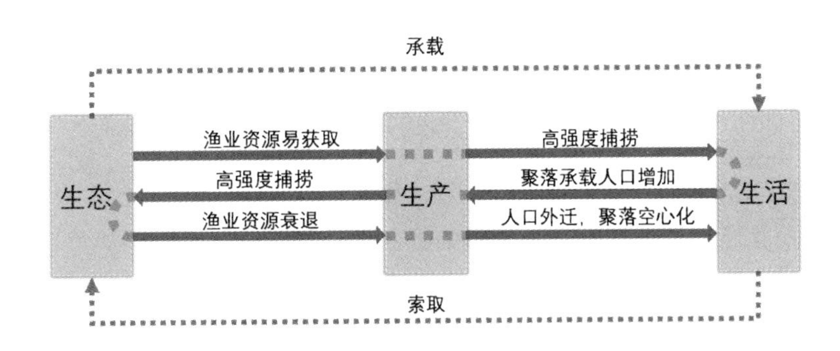

图 2-63 渔村"三生"系统相互关联图

(图片来源:笔者自绘)

2.2.3 渔村缺乏适宜的分类营建目标

渔村聚落发展到当下,随着"生产"模式的转化,处在分化转型阶段,对"三生"空间在聚落内部的占比与发展提出差异化的要求。渔业持续进步的渔村、渔业衰退中的渔村、向旅游等转型发展的渔村、已经完全空心化的渔村等对聚落空间的营建要求都会不同,而不是一个统一的渔村发展目标。

2.2.4 农村空间导则在渔村上的套用

渔村聚落和农村聚落,因为所处的生态环境的差异,是两种截然不同的形态。但是现阶段的美丽乡村等计划,以及相关的研究和实践,基本是基于量大面广的农村,嫁接到渔村中,造成了渔村空间风貌的农村化。因此,渔村聚落的建设与空间形态需要合适的目标,包括建立更进一步的分类体系与对应的营建导则(见表 2-1)。

表 2-1　农村、渔村聚落“三生”系统与空间区别表

		乡　村	
		农村	渔村 （以传统捕捞型渔村为例）
“三生”系统	生产	四季轮种，作物生长周期	渔船出行周期，禁渔期等
	生活	家庭为单位，日出而作，日落而息	男性外出捕鱼，家庭离多聚少
	生态	（田园＋淡水）承载力高，容错率高	（陆地边缘＋海水）承载力低，容错率低
聚落空间	生产空间	就近固定，田村交融， 包含村内作物加工空间	远离流动，村与渔场需要渔港码头等 链接空间，包含渔获加工空间
	生活空间	围绕田地肌理，限制条件少	顺应海岸走势，围绕码头等 生产空间展开，限制条件多
	生态空间	对河道等生态条件就近利用， 空间自由	靠海局促，需要考虑风暴潮、 旱灾等生态灾害，营建山塘等保障空间

资料来源：笔者自绘。

2.2.5　问题研究的意义

（1）理论意义：强化价值导向设计理论

乡村聚落形态是建筑学理论的重要方面，以往的研究中通常定性评价占很大比例，对聚落的普适性与体系化形态研究相对较少，定量的研究则更少，专门对渔村聚落基于“三生”要素的系统性研究首次在此被提出，因而本研究有助于完善乡村聚落形态研究的建筑学理论框架。

（2）实践意义：指导乡村转型

通过对渔村聚落“三生”系统相关空间形态的解析，找寻聚落形态指标化手段，为渔村聚落的分类营建提供定量引导，以期使渔村聚落寻找到适宜的实践营建策略。

（3）示范意义：双重扩面推广——即示范类型的扩充与示范区域的扩充

东海沿海是中国社会、经济、文化比较重要的区域，本研究与实践必然对中国广大渔村聚落建设带来重要影响与示范效应。

2.3　聚落的转型发展与空间演进

通过两个聚落的案例来探讨海岛聚落在转型发展中空间与人的活动的关系。

2.3.1　基于人聚行为的传统渔村公共空间变迁研究——塘头村、白沙村

我国在深入推进乡村振兴战略的同时，怎样推进海岛传统渔村建设这一问题也开始受到了广泛关注（张耀光等，1995）。同时，在推进渔村建设的过程当中，很少有人关注和研究渔村居民空间和环境行为，导致渔村服务设施建设的前期策划并不符合居民的实际需求。

本书尝试利用环境行为和心理学方法来观察和分析传统渔村居民在村域内公共空间活动当中的特征，对其居民聚集现象的空间特征进行分析，以期能够实现下列研究目标：

首先，认真观察居民自发性聚集行为，了解居民对具体空间要素的偏好，从而为后续的设计工作提供指导。

其次，为增强设计的针对性，提高其有效性，从而为渔村的成功转型和建设工作提供有价值的参考，将就部分村庄化公共空间的弃用现象进行分析。

最后，对传统渔村转产转业蜕变过程当中其公共空间的演变特征进行归纳总结，希望能够找出传统渔村成功蜕变为旅游观光村的具体路径。

2.3.2 调查方法

以直观观察法来对村域内居民的聚集特征和外来游客的聚集特征进行认真观察，以期能够捕捉到居民和游客的分布状态。

(1) 村域内主要人居片区是此次记录的主要地区。

(2) 每天上午八点半、中午十二点和晚上七点左右进行观察。

(3) 商贸、医疗保健及行政、文化等都是此次研究的村庄公共空间范畴，同时还包括了一些渔村特定功能空间，比如码头、海湾等。

(4) 运用访谈法来采访重点区域及场所跟进人员。

(5) 表 2-2 总结了此次研究样本的基本情况。

表 2-2 塘头村、白沙村基本情况

村名	基本情况	产业特征（聚集人群）	经济水平	配套情况
塘头村	塘头村隶属舟山市普陀区东港街道，地处舟山本岛最东端，与普陀山隔莲花洋相望，三面环海，村域面积约 8.59 km^2，村庄布局朝海依山，沿海岸而建，民居为 20 世纪 80 年代的渔家传统风貌。总户数 415 户，常住人口 1 300 人左右，分布于沙里、庙后头下老厂	正在向旅游业转型（原住村民为主体，游客为辅）	中等略偏上	社区综合服务中心、若干停车场、文化礼堂、医疗站、老年活动室(棋牌、图书、教室等)、村邮站
白沙村	白沙村位于舟山群岛的东端，四面环海，北面与洛迦山相邻，西北面相望于“海天佛国”普陀山。白沙山岛面积为 1.9 km^2，20 世纪 80 年代末 90 年代初，实施“小岛迁，大岛建”政策后，人口逐渐向舟山本岛迁移，现常住人口 340 人左右(不含游客)，常住户 200 户左右(基本上为世居的老年人)。近年，游客接待量超过 15 万人次	已经转型为旅游业村，获国家级海钓培训基地、国家级休闲渔业基地等称号(游客为主体，原住村民为辅)	中上等	普陀医院分院、渔业博物馆、国家级海钓培训基地、通向景点的电瓶车车道及步行栈道、观景台、旅行社及十余家民宿

资料来源：笔者自绘。

2.3.3 调研结果

下面是塘头村(见图 2-64)与白沙村(见图 2-65)在三个时间段的区域行为观察结果。

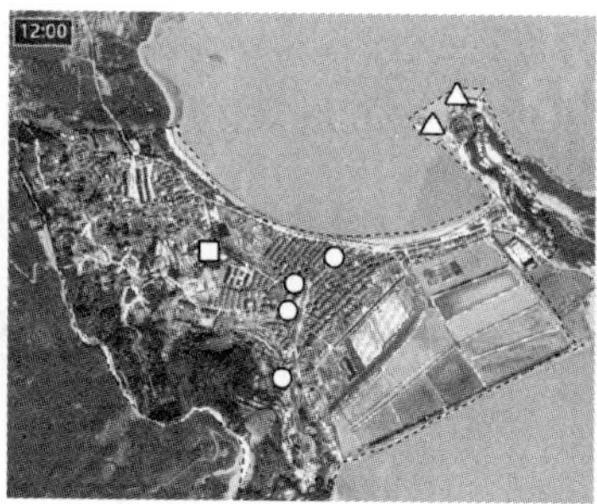

图 2-64 塘头村不同时段区域行为图

(图片来源:笔者自绘)

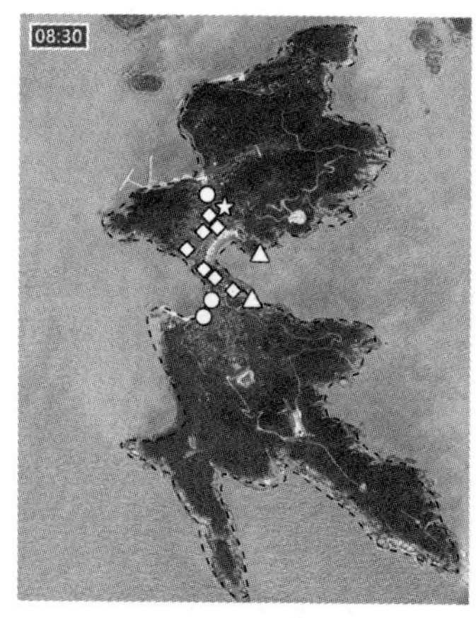

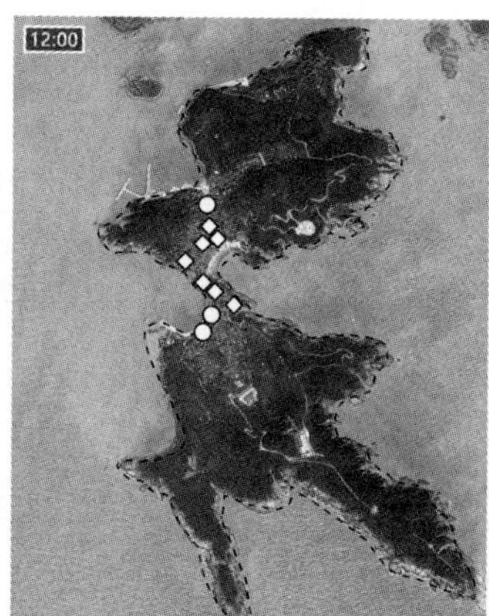

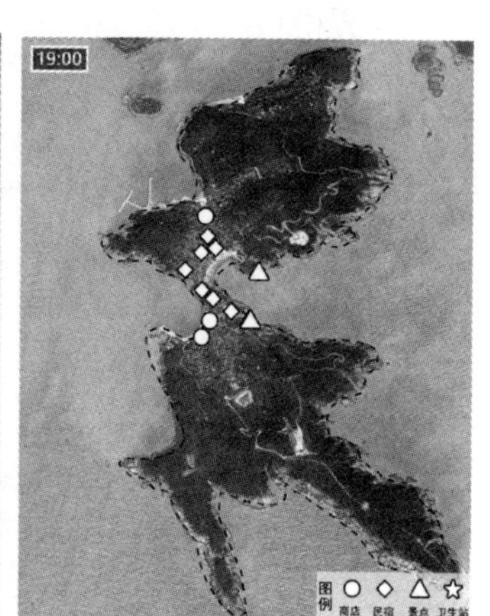

图 2-65 白沙村不同时段区域行为图

(图片来源:笔者自绘)

(1) 塘头村

① 上午八点半左右,全村的聚集点共有 9 个,其中主要的聚集点包括 2 个码头的修造厂,以村商贸街为中心的多家小商店、医疗站等。做家务、田头劳作及外出务工是村民的常规行为。小吃店、村医疗站、老年活动室以及 2 个码头的修造厂、候车站的 3 家小商店(位于商贸街北端)是最为主要的聚集点。

② 中午十二点左右,老年活动室的棋牌室、小商店的棋牌室以及 2 个码头的修造厂、3 家小商店(位于商贸街北端)是主要的聚集点。

③ 晚上七点左右,聚集点主要是小商店里的棋牌室,位于商贸街北端与中端的几家商店有不少人在聊天,在家里做家务或是看电视的村民占了大部分,在商贸街中心跳舞健身的

村民有六七个。

(2) 白沙村

① 上午八点半左右，白沙村的聚集点共计 10 个，主要的聚集点在民宿(共有六七家)、小商店(共 3 家)、卫生院等处。

外出近海捕捞或是做家务则是少部分村民的日常行为，在行车道上行驶的载客电瓶车有几辆，每一辆大概载了五六个人。卫生院、小商店及民宿是聚集人群最多的地方，民宿里不仅有游客，还有在民宿上班的人也在里面。

② 中午十二点左右，民宿、小商店和个别小商店里的棋牌室是最主要的聚集点。

③ 晚上七点左右，最主要的聚集点是民宿的室内外餐厅，其中以室外露台餐桌的聚集人数最多，个别小商店的棋牌室、渔家傲景点和马鞍景点也聚集了比较多的人。

2.3.4 聚集行为规模与活动

就环境心理学而言，安全互助、语言交流和行为互动等都属于人与人的相互关系范畴。对村民和游客的聚集人数及其活动内容进行观察之后发现这是有一定的对应关系存在的，见表 2-3 所示。

表 2-3 村民与游客聚集(从 1 人到 1 群人)分别对应的活动

聚集人数		1 人	2～3 人	4～10 人	11～20 人	20～30 人
活动内容	塘头村	村内行走、村内劳作	路边偶遇式聊天、结伴而行、医疗站	棋牌活动(1～2 桌)、聊天(每个小商店边)、跳舞(晚上)	老年活动室(白天)棋牌活动	商贸街北端候车聊天、两个码头修船厂
	白沙村	村内行走	路边偶遇式聊天，结伴而行的大多为游客	卫生院诊治，马鞍、渔家傲等景点观光台观光，3 个小商店边闲坐聊天纳凉	各家民宿的游客(用餐、观海景)	床位多、餐饮条件好、观海景效果好的民宿(用餐、观海景)

资料来源：笔者自绘。

结合表 2-3 来看，不论是白沙村还是塘头村都很少有人会独行，不过田间劳作则多是单独进行的。塘头村属于半农半渔村，所以在田间劳作的村民比较少，在路边偶遇的话还会聊会天。而白沙村的常住人口并不多，因此几乎不会有人在田间劳作，也见不到有人路边偶遇并聊天的情况。白沙村的旅游发展比塘头村要好，因此经常会看到两三个人结伴而行的情况，而塘头村则经常会有 4～10 人聚集在小商店里的棋牌室打牌娱乐，不过两个村子都经常能够见到三五人坐小商店旁闲坐聊天的现象。

白沙村建设有多个景观台，经常看到三五名游客站在景观台上观赏海景。每天晚上，塘头村都会有 10 人左右去跳广场舞。两个村子的卫生院、医疗站在医生刚上班的时候都会有三五人前来看病抓药。塘头村的老年活动中心棋牌室里有棋牌桌四五桌，白天基本上都是人满的，聚集人数在 20 人以上，每天午饭至下午三四点的时候，在这里打牌的人们就会散开回家。白沙村的棋牌室位于村中心的小商店里，未建设有老年活动室，包括围观和打牌的人在内，通常会有 10 人左右在棋牌室聚集。白沙村有几家床位少、观景台也比较小的民宿，在这里用餐和观赏海景的人有 15 名左右，而床位多且有着较好的观景条件的民宿则大概有 25 人在这里用餐及观景。塘头村商贸街北端 3 家小商店旁边的候车站及 2 个码头的修船厂聚集着 20～30 人。

在比较分析两个村的情况之后可发现，就聚集规模与聚集点而言，其相同之处在于，原住村民的聚集点主要是小商店里的棋牌室、村口或是主干道边，或是打牌娱乐，或是纳凉聊天。因两个村分别处于不同的区位条件当中，产业转型程度、人口迁移情况及自然资源禀赋都有所不同，所以两个村的差异也是比较大的。白沙村的产业开始向旅游业转移之后，空间偏好方面也开始偏向于旅游业，如修建了部分原来闲置不用的民居，使其变成民宿或是露天观景台，以供游客观赏海景或是用餐，同时还建设起了多个景观瞭望台于各山巅上，村域内的国家级海钓培训基地也是在原学校旧址基础上改造形成的，同时还于原客运码头处建设了一个海钓广场。可以说，产业转型之后的白沙村在公共空间转换方面的进度是比较快的。塘头村的产业发展方向是十分明确的，还设计了配套的基本规划，不过公共空间的变化不大，这也是塘头村的聚集人群以原住居民为主、传统的公共空间是主要的聚集地的重要原因。相比较之下，白沙村的聚集人群则以外来游客为主，民宿露台、观景台等能够观赏景色的地方，或是可休息、聊天的民宿和景点是主要的聚集地。在解决海岛空心村的问题上，我们可参考白沙村的空间转换模式。

2.3.5 聚集空间类型和特征

(1) 功能性集聚

使用者在一定时间里为获取空间所具备的某一功能所发生的聚集即为功能性集聚。医疗站、老年活动室、小吃店、修船厂、文化礼堂、妈祖庙、商贸街的四五家小商店及其室外候车点是塘头村的功能性集聚发生的主要地方。信奉妈祖文化是我国东南沿海一带渔村的一个传统习俗，地处渔区的塘头村也是如此。在塘头村，村民们自发集资修建了一座妈祖庙，面积有一千多平方米。每年到春节等重大传统节日及和宗教有关的时节时，都会有一两百人来塘头村的妈祖庙参加祭祀等活动，平时也会有零零散散的香客来这里祭拜。老年活动室每天大概会聚集 20 人左右，两个码头修船厂每天在这里修船的人数分别是 20 人到 30 人左右。表 2-4 是塘头村功能性聚集场所及其特征的总结表。

表 2-4 塘头村功能性集聚场所及其特征

特征	非常规活动功能性聚集场所						常规活动功能性聚集场所									
聚集点	医疗站		文化礼堂		妈祖庙		村主干道北端3家小商店与候车点		小吃店		老年活动室		村主干道中端、南端2家小商店		修船厂	
聚集时间	不定		活动发生时		活动发生时		每天		每天		每天		每天		每天	
	8:00～20:00		—		—		6:00～20:00		6:00～12:00		7:00～17:00		6:00～20:00		8:00～17:00	
功能性	医疗服务点	高	村史陈列馆、大礼堂	中	宗教设施，有厨房等	高	为村民提供小商品及村民和游客候车聚集地	高	为部分村民和旅客提供早餐和中餐	高	内置棋牌室	高	为村民、游客提供小商品（一家有棋牌室）	高	有码头、船坞、修理车间	高
易达性	村中心，主干道	高	离人居中心有些距离	中	有大道直达，偏人居中心	中	处于村主干道和人居中心	高	处于村主干道和人居中心	高	处于村中心，距离村主干道 20 m	高	处于村主干道和人居中心	高	离村中心有距离	中
易识别性	有标志	高	有明显标志	高	建筑物特殊	高	小商店有标志，候车点不明显	高	有标志	高	有标志	中上	有标志	高	没标志	中下
便利性	村中心，在主干道	高	处于人居中心西北	中	偏人居中心	中	处于人居中心	高	处于村主干道和人居中心	高	处于村中心，商贸街旁	高	处于人居中心	高	离村中心有距离	中

资料来源：笔者自绘。

卫生院、渔业博物馆、极乐寺是白沙村几个主要的非常规活动功能性集聚场所。卫生院是村民与游客看病拿药的地方；渔业博物馆只有重要客人来访时才会开放；极乐寺平时香客不多，但春节、宗教节日和外地香客组团来做佛事的时候会集聚较多的香客前来参与活动。集聚人数较多的观景台是邻近村组团且海景丰富的渔家傲和马鞍观景台，在这里观赏海景或是看日出的游客比较多。老码头小商店、五六家品牌民宿和露台及全部弄堂小商店、广场边的商店是白沙村常规活动功能性的主要集聚场所。其中，村中心广场旁边的商店里设置有有偿使用的棋牌室，五六家品牌民宿可为游客提供餐饮和住宿服务，且方便游客观赏海景，使得民宿的旅游功能得到了有效拓展。另外，地处海边高处、可观赏海景、可听涛声是这几家民宿能创出品牌的重要原因(见表 2-5)。

功能性集聚指的是其所具备的某种功能不是充分条件，对村民构不成吸引力，就如塘头村的文化礼堂，设计的本意是要使这里成为村民健身、文化娱乐的中心，但是因为这里与组团中心距离较远，也不在村道上，所以可达性不高，造成这里的使用率低下。而白沙村的小沙头码头广场也是如此(见表 2-5)，既远离组团中心又偏西北方向，易达性低且可停留性差，游客和村民极少在这里聚集。这就说明了位置是否在组团中心会正向影响功能性集聚目标的实现。

(2) 场所性集聚

由于场所自身的位置、情感等特性所引发的集聚，其主要有两种类型：首先，具备吸引村民和游客停留条件的“停留”类。观察发现，这一类集聚发生必须要具备如下条件：座椅要干净，易达性要高，且场所的围合感要强。以塘头村主干道北端的三家小卖部为例，这几家小卖部不仅地处自然村组团中心，且还是三条主干道交汇的地方，小卖部门口放了几张凳子，屋檐和雨篷都有，主干道交汇处周围三面都有建筑物，因此留下来的空间也比较大。这就使得小卖部有着较高的可达性，很容易形成相遇，且能够有力吸引周边人的环境，硬化整洁的地面，绿化的围合感很强，景观也好，因此这里的集聚性很强。

其次，具备良好景观视线的“景观”类场所。集聚性比较高的地方通常都是具备三种场所性集聚型的地点。以塘头村的公交候车点为例，虽然其车站设施并不正规，不过这可通过旁边小商店的屋檐和雨篷来进行弥补，这样一来，旅客在等车的时候就有地方可落脚。另外，候车点位于三条村主干道的交汇处，可毫无障碍地观看南边的街景，所以这里的人气非常旺。另外，位于村内道路弄口的村主干道中端及南端的小商店也有雨篷、屋檐，门口也都放了凳子，人们很容易在这里相遇、停留、聊天，因此其人气也比较旺。

白沙村的观景台都配置了围栏、木制的亭子、半围合的石凳以及有顶棚限定的灰空间，且围栏、防腐木板及桌椅都是白沙村大部分民宿的露台的标配。以白沙村的几家品牌民宿为例，其观赏海景的条件十分优越，虽然其所处位置并非交汇点，不过游客可骑电瓶车或通过步行栈道到达，所以游客来白沙村旅游住宿时往往会挑选这几家民宿。位于几条村道交汇处的白沙村中心广场同时还是村行政中心与医疗中心，平坦广阔且可赏海景的广场也有着很旺的人气。此外，广场边的商店其地理位置优越，因此经常有游客及村民聚集在这里。另外，还有一定人气的商店是码头边的商店。

表 2-5 白沙村功能性集聚场所及其特征

特征	非常规活动功能性聚集场所						常规活动功能性聚集场所									
聚集点	卫生院		渔业博物馆		极乐寺		几个主要观景台		弄堂小商店		广场边商店		老码头商店		五六家品牌民宿及露台	
聚集时间	不定		活动发生时		活动发生时		不定		每天		每天		每天		每天	
	7:30～17:00		—		—		—		6:00～19:00		6:00～21:00		6:00～19:00		—	
功能性	为村民和游客提供医疗服务	高	有重要客人时开放	中	宗教设施，有厨房等	高	供游客观海景、瞭望	高	为村民和游客提供小商品	高	内置棋牌室，为村民提供娱乐，为村民和游客提供小商品	高	为村民和游客提供小商品	高	游客住宅、餐饮，观海景，听涛声，看日出、日落	高
易达性	村中心	高	在西北码头边	高	在东南	中下	有步行栈道或电瓶车道	中高	离村中心较近，又靠近西北码头	高	村中心	高	老码头广场边人居点	高	近村中心，主干道边上	高
易识别性	有标志	高	有标志	高	建筑物特殊	高	建筑物特殊，选择的点有特点	高	有标志	高	有标志	高	有标志	高	有标志	高
便利性	村中心	高	稍离村中心	中高	在岛东南	中下	分布于几个主要景点	中	为过路客人和居民点村民提供服务	高	村中心位置	高	老码头广场边人居点	高	在村主干道边上	高

资料来源：笔者自绘。

塘头村主干道北端的车站既是交汇处又是兼合处，即便没有车站设施，但还是有很多的集聚人群，因为这里有 3 家小商店给乘客提供了落脚处。本就是 3 条主干道的交汇处，具有很高的易达性，再加上小商店的商业功能，所以这个三角地带成功集聚了很多的人。显而易见的，像车站等这类有着特殊功能的聚集点，聚集功能是充分条件。

旅游者最看重的不是“交汇”条件，而是能够活动、休闲、娱乐的条件，如白沙村品牌民宿的露台、渔家傲等主要观景台，虽然没有足够突出的“交汇”条件，但旅游者能够在这里吃到海鲜、看到海景、听到海涛声，能在这里进行多种娱乐活动、休闲活动，就说明这里的停留性是有较大优势的，所以才会让很多游客在这里停留、聚集。由此可见，能够提升游客和村民前往频率的因素无非就是需求性、易达性和便利性这几个。

吸引使用者的要素不同是场所性集聚与功能性集聚的最大差异之处，单从这点上看，空间功能并不如空间特质那么重要，所以村民和游客偏好的空间要素才会带来此地场所的集聚。村民和游客的聚集程度主要受到停留性的影响，“有顶、有墙（半围合的软质或硬质竖界面）、有凳、有景”这四个要素是停留性的基本特征。从游客的角度看，非常重要的空间要素就是有景，这也是促使海岛传统渔村转变成观光旅游村的根本要素。通过上述分析不难得出村民和游客聚集地点的特性与评判标准。

从表 2-4、表 2-5 可知，“功能性集聚”除了需要场所具备特定功能的条件以外，还需要兼具易达性、易识别性和便利性这三个条件，同时需要明确的是区位的人口量会对聚集程度产生很大的影响，人口多则聚集程度高，反之则低。处于村中心区域的场所，其聚集程度通常要比其他区域场所的聚集程度高得多。

“场所性集聚”最为重要的条件就是其停留性。由于是 3 条村主干道的交汇点，所以塘头村的公交站即便没有正式的车站建筑，但也不影响它的停留性，再加上这里有 3 家商店前有凳子可坐，所以在这里等车或者坐着闲聊的人很多。类似这样的有凳子可坐、顶棚限定的灰空间等，白沙村的许多家品牌民宿都有，其目的就是为了通过停留性而带来高程度的场所集聚。

在调研中发现，无论是功能性集聚还是场所性集聚均有空间异用现象。空间的异用现象原本指的是改变历史建筑的固有功能，或者是在实际使用过程中将建筑的设定功能转化为另一种使用功能的现象，也就是活动内容与活动场所不对等的现象（罗玲玲，1998）。通过观察得知，村民与游客在乡村空间由行为到环境的反作用过程结果一般有下列两种情况：

● “移入”：就是设施实际使用功能超出设施设定功能，也就是设计空间具有兼容性，能够对功能进行兼容，无论是主动的还是被动的，其结果都因为兼容行为有效改变了空间的属性以及划分（张子琪等，2018）。如商店兼有棋牌室功能就是其中的一种表现，位于塘头村主干道中段的小商店以及白沙广场边上的商店里设置了棋牌桌椅，能够让村民与游客在这里进行棋牌的休闲娱乐活动。又比如民宿具有旅游观光功能也是其中的一种表现。白沙村就是把民居改造之后，使普通的民居具备了露台观光的功能，比原先的居住功能多出了观光功能，也使得民宿更受游客的喜爱。

● “移出”：就是设施实际使用功能达不到设施设定功能，而是将本该具备的功能“转移”到了另外的空间。这是由于在空间的解读上设计者和使用者产生了分歧，没有形成统一的解读而造成的，造成了设施建设的浪费以及空间资源的浪费。白沙村的两个渔用码头以及塘头村的渔用码头就是典型的例子，这些码头基本闲置，功能严重缩水，究其原因就是衰退的渔业资源使得村民不得不另寻出路以及渔民由白沙村迁徙至舟山本岛。由此可见，舟山群岛渔村出现的空心及半空心状态，必须通过空间异用来改变，如改变传统渔村模式为观光旅游村模式，就是在原来空间的基础上，经过改造而满足现有对象对空间的不同需求，通过功能“转移”使设施能够继续使用，这就是我们需要探索的课题。

2.4 小结

在本书的写作过程中，笔者立足于原生态村并结合心理学和环境行为学当中的相关理论，对当地村民与游客的环境与人聚行为之间的关系进行了综合性的考察，这样能够更为准确地揭示出环境与人之间所存在的内在联系，帮助人们从深层次分析当前国内渔村空间转型所存在的问题，并在此基础上获得更具价值的建设方案。笔者在本次研究过程当中所获得的观察结论主要分为以下三个部分：

(1) 注意不同渔村空间人聚行为表现出来的共性与个性

从不同渔村空间人聚行为所体现出来的共性角度上来讲，当地游客与村民往往会聚集在以小卖铺为中心的活动节点上，同时作为信息集散咨询的“类游客中心”。所以，通常情况下以小卖部为主要代表的活动节点，在实际规划的过程当中应该综合利用和善加保存。而从个性的角度上来讲，由于不同渔村人口众寡差异明显，使得聚集规模也有着明显的差别。同时，不同渔村的转型变迁也会导致空间聚集的主要特征随之发生不同程度的改变。

(2) 集聚空间包括“功能性集聚”与“场所性集聚”两类

游客使用村内公共设施的具体时段和方式，往往可以通过“功能性集聚”而体现出来，因此在以渔村为整体的实际变迁过程当中，还应当充分考虑到公共设施所具备的兼容性。通常情况下，“场所性集聚”主要分为以下三种类型：第一，停留类；第二，交汇类；第三，景观类。对此，应当以“海景观景台”作为游客聚集的场所。除此之外，村中心广场和白沙的码头广场还应当同时增设花坛、壁画以及雕塑等景观类型，这样能够有效提升往来游客的可停留性。

(3) 针对渔村公共空间的“空间异用行为”进行因势利导

“空间异用行为”主要是指在人的感知与空间特性的互动下所引发出来的空间人聚行为异用。所以在实际设计过程当中，还应当加倍重视旅游者群体对空间所表现出来的实际偏好(例如，看海景观、日出日落等)，并结合游客的行为喜好，考虑对周边自然构造物和人工构造物的安全性。以相应的物质空间顺应人们的日常基本习性，即一种基于使用者更为高效、有针对性的设计。

3 海岛建筑

舟山群岛内的海岛建筑建设通常可以分为两种尺度层级：第一，民居等微观层面的设计与建造；第二，单元内聚落空间的构成设计与建造，即单体建筑为最小落脚点，聚落住区为最大研究范围。

3.1 海岛建筑调研

舟山群岛当地的居民经济收入存在较为明显的差异，再加上当地地貌形态多样，从而使得当地民居的建筑类型也有很多种。结合民居所处地理位置分类，舟山群岛的民居主要分为以下三种类型：第一，山地民居；第二，海洋民居；第三，平地民居。而根据当地民居的建造方式和所用材料通常可分为以下三种类型：第一，传统木结构民居；第二，砖混民居；第三，石材民居。而依据民居的建造年代，又可分为传统民居和现代民居这两种主要的类型。

3.1.1 几种典型的海岛建筑

通常情况下，舟山传统民居建筑分类方式既可以根据建筑的坐落地型来进行划分，也可以根据建筑的具体材料来进行划分。其中坡地民居、石构民居以及海崖式民居这三种组合类型最为典型。因为山地民居是大多数海岛民居的主要载体，石构则是传统民居的主要建造类型，而相比于前两种建造类型来讲，海崖式民居则为最具生态潜力和特色的民居类型。所以，对这三种民居类型进行论述，可以为海岛特色的民居建筑构建一幅全景画。

(1) *石构民居*

在舟山所有的民居当中，石构民居具有久远的历史。在淘汰了渔寮民居之后，流出更多的人力物力资源来对海岛本地的石材进行开发。所以在之后的一段时间当中，石构民居逐渐占据了海岛建筑的主要部分。现代运输技术诞生之后，除了几个建设水平较高的岛屿之外，石构民居仍然大量存在，不过因为年久失修的原因，许多石构民居日益衰微(图 3-1)。通常情况下，质量较好的石构民居由长 20～30 mm、宽 15～20 mm、厚 10～20 mm 的石材规律累积而成，同时还加入了一些茅草填缝和黄土建造等方式。但是这种民居建筑质量较差，使用时间并不是很久。许多久远的房屋当中还使用了很多由石条雕凿而成的梁隼，楼面板通常也是由大块的石板搭积而成，属于最为正宗的石屋。这类民居建筑也是迄今为止舟山群岛内最具特色的建筑类型，它的特点主要体现在以下四个方面：第一，原生态性。用由石料开凿而成的平地作为房屋的地基，这样不仅能够有效节约土地资源，而且还提供了丰富的建房材料，石料还可以被重复使用。第二，保温和隔离效果良好，且呈现出极佳的建筑热惰性。第三，造价低廉。第四，风格极为独特，在海岛渔村当中属于最为典型的建筑类型之一。

(2) 坡地民居

在舟山地区，坡地民居不仅数量大，而且分布广。由于山地是舟山地区最为原始的地形，因此若将稀有的平地留作产业用地，则其余的居住用地只能够在坡地解决，因此坡地民居逐渐成了舟山群岛最为常见的建筑类型之一(见图 3-2)。

图 3-1 石构民居示例

(图片来源：笔者自摄)

图 3-2 坡地民居示例

(图片来源：笔者自摄)

坡地民居的主要特点如下：第一，适应性强。在房屋建造的过程当中，多使用开辟房屋地基所凿下来的土石，具有就地取材的特点。第二，坡地民居的建筑同现代交通之间的衔接点很少，并且离主干道较远，往往需要步行很久方可到达。第三，坡地民居分布广且数量多，几乎在所有聚落当中都有存在。第四，坡地民居具有依山就势的特点，能够很好地解决日照和通风等问题。

(3) 海崖式民居

海崖式民居的主要特点是建造在靠海的第一线上，所以这也就决定了海崖式民居的单体能够充分利用海洋的特性(见图 3-3)。海崖式民居大多属于石构建筑，分布在土地资源特别缺乏的渔业小岛当中。但是许多渔民凭借良好的港口资源，可以挨着大海垒筑房屋地基或者是在礁石上构筑地基，从而出现了以独栋民居向海要土地的房屋建筑类型。这种建筑的优点主要是利于农业生产，缺点则是建造不方便，并且在房屋建成之后对于风暴潮的抵挡性能较差，一旦出现海水侵蚀的现象，房屋则极有可能面临倒塌的隐患。通常情况下，家里经济条件不好的渔民常采用这种造屋方式。近十几年来，伴随着当地城镇化的现象日益加剧，许多海崖式民居逐渐被废弃。

总的来说，海岛民居的热稳定性良好，且具有就地取材的优势，能够对自然资源进行最为有效的开发。在室内物理环境方面，在夏季室外温度高达 38℃的情况下，民居内的温度则通常在 30℃左右(见图 3-4)。

图 3-3　海崖式民居示例

（图片来源：上图 http://epaper.cnnb.com.cn，下图 http://hot.dahangzhou.com）

图 3-4　海岛现代民居示例

（左图为 1995 年前模式，右图为 1995 年后模式）

（图片来源：笔者自摄）

不过，这种海岛民居的问题也特别突出，例如通风不良和采光性不好等缺点明显。此外，部分质量较差的民居墙面容易渗水，且室内空气不对流，从而导致室内的空气质量往往比较差。

3.1.2 清末至 20 世纪 30 年代建筑——大鹏岛

大鹏岛又名大平山，位于金塘岛西北面，全岛面积 4.09 km^2，大鹏岛呈东南—西北走向，长 3.37 km，宽 1.01 km，岸线长 10.8 km。因形似大鹏展翅，故曾名鹏山。大鹏岛四面环海，环境优雅，至今仍保存着原生态的风貌。大鹏岛是舟山第一个国家级历史文化村落，保存着一批古建筑民居。古民居坐北朝南，错落有致。岛上聚落既具有海岛特色，又融入了江南水乡元素。岛上水源丰富，有众多池塘、水井，河道水体占较大面积。大鹏岛是一个富有古建筑韵味、充满原生态情趣、文化和生态自然融合的宝岛（见图 3-5）。

图 3-5 远眺大鹏岛

（图片来源：笔者自摄）

(1) 洪家大宅

洪家大宅位于大鹏岛 24 村，建造时间为 1902 年，坐西北朝东南，占地面积 827 m^2，三合院落，正屋面阔五间，单檐硬山顶，盖小青瓦，脊端饰花瓶。檐下用直梁，雕饰龙首，下部承以十字斗拱，对称雕花雀替，柱下用鼓形础。穿斗式梁架，进深八柱八檩，明间后金檩下建落地，单室神龛，木板隔间，石板地面。前立面开六扇门，廊下及天井处铺石板，次间木板前立面，中开双层木窗，廊下山墙伸至阶前，西侧连廊与厢房明间相接。东西厢房皆面阔四间，通过厍头连接正屋，东面正台门一座，南北二面各有小台门，正面筑围墙（见图 3-6～图 3-10）。

图 3-6　洪家大院墙门

（图片来源：笔者自摄）

图 3-7　洪家大院正房与连廊

（图片来源：笔者自摄）

图 3-8　洪家大院连廊

（图片来源：笔者自摄）

图 3-9　洪家大院宅院

（图片来源：笔者自摄）

图 3-10　洪家大院檐廊

（图片来源：笔者自摄）

（2）胡家大宅

胡家大宅位于24村港口廊。据传由胡钦国建造于1901年。坐西北朝东南，占地面积573 m^2。由正屋、东西厢房、台门、用房等组成院落。正屋面阔七间，穿斗式梁架，檐廊下大立柱，中堂一间，东西厢房四间，廊下及天井处铺石板。台门石匾上镌刻“居仁由义”四个大字（见图3-11～图3-18）。

图 3-11　胡家大院墙门

（图片来源：笔者自摄）

图 3-12　胡家大院连楹——“双龙戏珠”

（图片来源：笔者自摄）

图 3-13 胡家大院斗拱与雀替

(图片来源：笔者自摄)

图 3-14 胡家大院窗臼

(图片来源：笔者自摄)

图 3-15 胡家大院柱础

(图片来源：笔者自摄)

图 3-16 胡家大院马头墙

(图片来源：笔者自摄)

图 3-17 胡家大院西面外观

(图片来源：笔者自摄)

图 3-18 胡家大院檐廊

（图片来源：笔者自摄）

(3) 王家大宅

王家大宅位于 25 村港口廊，由前王家、中王家、后王家三处建筑组成。据传前王家由王维良建造于 1906 年，中王家由王维洲建造于 1946 年。三处建筑均坐东北朝西南，占地面积总共2 082 m^2，均由正屋、东西厢房、台门、用房等组成院落。其中唯独后王家属于木结构古建筑二层楼房(见图 3-19～图 3-27)。

图 3-19 远眺王家大院

（图片来源：笔者自摄）

图 3-20 后王家大宅外观

（图片来源：笔者自摄）

图 3-21 后王家大宅的水体

（图片来源：笔者自摄）

大鹏岛古建筑墙门的特点是以居住者的出入方便为原则，较少顾及朝向。一是不少人家墙门入口与房屋周边水体密切相关。二是墙门不是设置在院落的正中位置，而是在墙边转角，这与海岛气候密切相关，可在一定程度上避免湿咸海风直达正屋。

图 3-22　后王家墙门

（图片来源：笔者自摄）

图 3-23　后王家院落

（图片来源：笔者自摄）

图 3-24　后王家楼房立面

（图片来源：笔者自摄）

图 3-25　由西往东看后王家宅院

（图片来源：笔者自摄）

图 3-26 后王家西边偏门

（图片来源：笔者自摄）

图 3-27 后王家大院二层楼建筑桁条、地板和桁梁上的燕子窝

（图片来源：笔者自摄）

(4) 沈家大宅

沈家大宅位于27村杨家岙中部,据传由沈顺祥建于1903年。坐东北朝西南,占地面积930 m^2,由正屋、东西厢房、台门、用房等组成院落。正屋面阔七间,穿斗式梁架,进深七柱七檩带前廊,廊下用月梁,门、窗等木构件皆有木雕装饰。厢房穿斗式梁架,进深四柱四檩。南面正台门一座。正屋和东西两侧厢房之间各有一小台门(见图3-28~图3-38)。

图3-28 远眺沈家大宅

(图片来源:笔者自摄)

图3-29 台门

(图片来源:笔者自摄)

图 3-30 正房与院落

（图片来源：笔者自摄）

图 3-31 西首偏门

（图片来源：笔者自摄）

图 3-32　檐廊与东偏门

（图片来源：笔者自摄）

图 3-33　牛腿与斗拱

（图片来源：笔者自摄）

图 3-34 走马板镂空木雕

（图片来源：笔者自摄）

图 3-35 明堂“三关六扇”

（图片来源：笔者自摄）

图 3-36 明堂立面连楹与镂空雕刻

（图片来源：笔者自摄）

图 3-37 偏门外观

（图片来源：笔者自摄）

图 3-38 宅院东首外观

（图片来源：笔者自摄）

在远离大陆的大平山见到近二十座保存较好的古建筑，实在十分难得。它见证了我国近代的历史和丰富多彩的文化，是一部部鲜活的史书。在当前工业化、城市化、现代化进程中，维护好这些古建筑，切实保持其原生态风貌，为后人留下宝贵财富，是我们当代人必须承担的历史重任。

3.1.3 20 世纪 30 年代至 50 年代建筑——虾峙岛黄石村

虾峙岛（见图 3-39）位于舟山群岛东南部，该岛地形狭长，呈西北—东南走向，西北部较宽，形似虾，浮于海上，故得名虾峙。虾峙岛名称的文字记载最早出现在明嘉靖《定海县志》上，至今已有近 500 年历史。岛长约 10 km，最宽处约 4.2 km，最窄处约 700 m，面积约 16.7 km^2。

图 3-39 虾峙岛

（图片来源：笔者自摄）

黄石村由上黄沙、下黄沙、炼石岙中的“黄”“石”两字定名。黄石村是普陀区著名渔村之一。炼石岙又名乱石岙，为黄石村村委会驻地。

黄石村(炼石岙)东、南、西三面环山，北面为海，是个港口海湾型聚落。这里有一大批保存较完整的20世纪三四十年代建造的房子(见图3-40～图3-42)。

图3-40 黄石村(炼石岙)全景

(图片来源：笔者自摄)

图3-41 黄石村(炼石岙)局部

(图片来源：笔者自摄)

图 3-42 三开间宅楼

(图片来源：笔者自摄)

黄石村这一时期的建筑外形的基本特征是其窗户为半圆弧状的拱券式，因此看上去比较漂亮(见图 3-43)。墙体以石料、青砖、木结构为主，墙体下半部一般为石料，上半部为青砖砌筑，墙门、窗顶部普遍使用石条(见图 3-44～图 3-48)。

图 3-43 大门与窗台

(图片来源：笔者自摄)

图 3-44 山墙

（图片来源：笔者自摄）

图 3-45 大门顶石条

（图片来源：笔者自摄）

图 3-46 山墙边的石砌大门与石砌窗

（图片来源：笔者自摄）

图 3-47 保存较完整的墙门

（图片来源：笔者自摄）

图 3-48 木结构穿堂

（图片来源：笔者自摄）

由于海岛缺少平地，整个聚落的建筑基本建在山坡地上，因此，宅基地在开挖山坡后才形成，进入村子是沿山坡而上，不少住宅是沿台阶而上（见图 3-49、图 3-50）。

图 3-49 沿石阶而上 1

（图片来源：笔者自摄）

图 3-50 沿石阶而上 2

（图片来源：笔者自摄）

黄石村大多住宅为两层，面阔为 3～5 间，五柱五檩或七柱七檩，双坡硬山顶，一字形单院。少量为两进院落，庭院为长方形。部分住宅一楼有檐口，扩大了住宅面积。多为砖木结构，外墙下部用块石。由于缺少平地，宅基大多在山坡开挖，房子形式简约(见图 3-51～图 3-57)。

图 3-51　三开间 1

(图片来源：笔者自摄)

图 3-52　三开间 2

(图片来源：笔者自摄)

图 3-53 五开间加檐口

（图片来源：笔者自摄）

图 3-54 坡地上的建筑

（图片来源：笔者自摄）

图 3-55　山坡中挖出的宅基地

（图片来源：笔者自摄）

图 3-56　高差较大的住宅

（图片来源：笔者自摄）

图 3-57 两栋住宅间狭小间距

（图片来源：笔者自摄）

3.1.4 20 世纪 50 年代至 70 年代建筑——悬山岛马跳头

“此中有佳趣，好作‘采薇吟’”。悬山岛又名元山岛，西距六横岛约700 m，呈西北—东南走向的长形，长约 7.95 km，宽约 2.6 km，最窄处仅 10 m 左右。岸线长约 37.69 km。面积约 7.58 km^2。岛上曾设乡，有 8 个行政村、21 个自然村，兴旺时期有居民近 900 户 3 500 多人。此岛孤悬海上，原名悬山。因“元”“悬”地方音同，新中国成立后将悬山简写为“元山”，前些年又改为“悬”（见图 3-58）。

马跳头村因山嘴地形远看像一只马头伸向海中得名。该村原是悬山岛最大的村落。

在马跳头村村口（见图 3-59）不远处的葛家大院是一座保存较好的四合院，已历经百年风雨。葛家大院给人以质朴的印象，采用四合院的形制。正房为五开间，进深五柱五檩。中间为堂前，左右两边是库头，库头体量较小。厢房与库头通过一个小穿堂相连，进深四柱四檩。正屋对面是四柱四檩房屋，两边与厢房之间各有一个廊道大门，其中一个廊道为主要出入口（见图 3-60～图 3-65）。

图 3-58　远眺悬山岛日出

（图片来源：笔者自摄）

图 3-59　马跳头村村口

（图片来源：笔者自摄）

图 3-60 葛家大院 1
（图片来源：笔者自摄）

图 3-61 葛家大院 2
（图片来源：笔者自摄）

图 3-62 葛家大院 3
（图片来源：笔者自摄）

图 3-63 葛家大院 4
（图片来源：笔者自摄）

图 3-64 葛家大院 5
（图片来源：笔者自摄）

图 3-65 葛家大院 6
（图片来源：笔者自摄）

马跳头石子岙至今仍保留着一批 20 世纪五六十年代的建筑，这种类型的建筑数量很少，在海岛已难找到。有位年近七十的老年人一到此地，就形容说："记忆的闸门打开了，孩提时期的农村居落在此重现。"这些建筑的形制以独院为多，一般为三开间，进深五柱五檩，中间为"堂前"。墙体下半部多为石料，上半部为青砖。柱、檩、门、窗、梁、椽等均为木料。院子筑石头围墙。海岛多台风，为防台风，屋脊用石灰把砖瓦粘在一起，有时还在屋面压上石块(见图 3-66～图 3-73)。

图 3-66　石子岙的 20 世纪建筑 1

(图片来源：笔者自摄)

图 3-67　石子岙的 20 世纪建筑 2

(图片来源：笔者自摄)

图 3-68 石子岙的 20 世纪建筑 3

（图片来源：笔者自摄）

图 3-69 石子岙的 20 世纪建筑 4

（图片来源：笔者自摄）

图 3-70 石子岙的 20 世纪建筑 5

（图片来源：笔者自摄）

图 3-71　石子岙的 20 世纪建筑 6

（图片来源：笔者自摄）

图 3-72　石子岙的 20 世纪建筑 7

（图片来源：笔者自摄）

图 3-73　石子岙的 20 世纪建筑 8

（图片来源：笔者自摄）

3.1.5 20 世纪 70 年代至 1995 年建筑——葫芦岛

葫芦岛位于舟山岛以东洋面，西距普陀山 1.4 km，面积 0.93 km^2。岛呈不规则长形，南北走向，长约 2.2 km，宽约 510 m，中部窄处约 100 m。因岛形似葫芦，故得名葫芦岛(见图 3-74)。渔业生产兴旺时期，有村民近 750 户 2 700 人。现常住人口约 120 人，多数为老年人。葫芦岛曾设乡建制，2001 年并入普陀区东港街道，今岛上设村和社区。清代康熙时期的《定海志》曾经记载了葫芦山。

图 3-74 远眺葫芦岛

(图片来源：笔者自摄)

葫芦岛为渔岛，因渔而兴，渔衰岛衰。20 世纪七八十年代是舟山渔业最兴旺的时期。在这个时期，舟山渔村兴起建房热潮，各渔村的楼房如雨后春笋般涌现，如今到海岛看到最多的就是这一时期的建筑(见图 3-75)。在舟山群岛中，葫芦岛最具有代表性。20 世纪七八十年代，葫芦岛几乎家家户户造起楼房，而后，由于渔业资源严重衰退，再加上政府实施了“小岛迁，大岛建”的政策，村民们陆续迁徙至大岛，随后学校没有了，医院功能衰退了，而这又进一步加速了村民向大岛搬迁。现在葫芦岛留下的是几十位老人。在这二三十年中，这个岛几乎没有新建的房子，时间老人为葫芦岛留下了完整的 20 世纪七八十年代建筑。

图 3-75 俯瞰岛上建筑

（图片来源：笔者自摄）

（1）葫芦岛的建筑形制

20 世纪七八十年代之前的葫芦岛民居大多为三开间的一层平房，20 世纪 70 年代，渔业生产达到最兴旺时期，渔民经济收入快速增加，大家争先恐后拆旧房，建新楼房。新建的楼房一般为三开间，进深 7 m 左右，二层或三层，双坡硬山顶（见图 3-76～图 3-79）。

图 3-76 葫芦岛上的三开间三层住宅

（图片来源：笔者自摄）

图 3-77 二开间二层住宅

（图片来源：笔者自摄）

图 3-78 四开间二层住宅

（图片来源：笔者自摄）

图 3-79 三开间三层加二层住宅

(图片来源：笔者自摄)

(2) 葫芦岛上的主要聚落

① 老佃厂。葫芦岛最集中的定居处。以前此处搭的大多是草厂(房)，故称老佃厂。现代老佃厂的一些建筑见图 3-80～图 3-82。

图 3-80 远眺老佃厂

(图片来源：笔者自摄)

图 3-81 老佃厂的建筑大多沿坡而建

（图片来源：笔者自摄）

图 3-82 老佃厂的建筑大多依山而建

（图片来源：笔者自摄）

② 大沙头(沙埕)。该聚落南部有千米长的沙石子滩(见图 3-83)。当地的住宅见图 3-84 所示。

图 3-83 大沙头南部的沙石子滩

(图片来源：笔者自摄)

图 3-84 码头边的住宅

(图片来源：笔者自摄)

③ 小湾。南北湾嘴将海湾形成半围合，东首为出口，是一个天然的避风良港（见图 3-85、图 3-86）。

图 3-85 远眺小湾

（图片来源：笔者自摄）

图 3-86 小湾的沙滩

（图片来源：笔者自摄）

④ 小黄沙头。村前有一小黄沙滩(见图 3-87、图 3-88)。

图 3-87 小黄沙头的起伏道路

(图片来源:笔者自摄)

图 3-88 小黄沙头的建筑

(图片来源:笔者自摄)

(3) 葫芦岛的街巷与弄堂

葫芦岛平地稀少,房屋都依山而建,房屋之间间隔很近,街巷、弄堂之间空间狭窄。街巷最宽处约 1.5 m,大多仅 1 m 以内,房屋之间间距仅五六十厘米(见图 3-89～图 3-93)。

图 3-89　葫芦岛狭窄的街巷与弄堂 1
(图片来源:笔者自摄)

图 3-90　葫芦岛狭窄的街巷与弄堂 2
(图片来源:笔者自摄)

图 3-91　葫芦岛狭窄的街巷与弄堂 3
(图片来源:笔者自摄)

图 3-92 葫芦岛狭窄的街巷与弄堂 4
（图片来源：笔者自摄）

图 3-93 葫芦岛狭窄的街巷与弄堂 5
（图片来源：笔者自摄）

(4) 葫芦岛的房屋与道路

葫芦岛的房屋与道路见图 3-94～图 3-97。

图 3-94 葫芦岛的房屋与道路 1
（图片来源：笔者自摄）

图 3-95 葫芦岛的房屋与道路 2
（图片来源：笔者自摄）

图 3-96 葫芦岛的房屋与道路 3
（图片来源：笔者自摄）

图 3-97 葫芦岛的房屋与道路 4
（图片来源：笔者自摄）

（5）丰富多彩的石屋与石墙

因海岛多台风，老百姓在造房时普遍使用“朱家尖块石”砌山墙，以增强房屋抗台风性能。有些一层为块石墙体，二三层为砖墙体；有些整个墙体全部为块石；有些四周墙体为块石，屋顶盖瓦或石条（见图 3-98～图 3-103）。

图 3-98 丰富多彩的石屋与石墙 1

（图片来源：笔者自摄）

图 3-99 丰富多彩的石屋与石墙 2

（图片来源：笔者自摄）

图 3-100 丰富多彩的石屋与石墙 3
（图片来源：笔者自摄）

图 3-101 丰富多彩的石屋与石墙 4
（图片来源：笔者自摄）

图 3-102 丰富多彩的石屋与石墙 5
（图片来源：笔者自摄）

图 3-103 丰富多彩的石屋与石墙 6
（图片来源：笔者自摄）

(6) 葫芦岛的蓄水

因小岛缺少水源,居民独创了许多蓄水方法。他们在建造房子修建蓄水池时,大多利用天井、道地、街沿的地下空间先造池后建地面建筑,或留出空间造蓄水池,少量蓄水池修在地上。为引雨水,还在房子屋顶建积水平台(见图 3-104～图 3-111)。

图 3-104　葫芦岛居民修建的部分蓄水池 1
(图片来源:笔者自摄)

图 3-105　葫芦岛居民修建的部分蓄水池 2
(图片来源:笔者自摄)

图 3-106 葫芦岛居民修建的部分蓄水池 3
（图片来源：笔者自摄）

图 3-107 葫芦岛居民修建的部分蓄水池 4
（图片来源：笔者自摄）

图 3-108 葫芦岛居民修建的部分蓄水池 5

（图片来源：笔者自摄）

图 3-109 屋顶的积水平台 1

（图片来源：笔者自摄）

图 3-110 屋顶的积水平台 2

（图片来源：笔者自摄）

图 3-111 屋顶后坡的积水平台

（图片来源：笔者自摄）

(7) 葫芦岛上老旧的公共建筑

葫芦岛上老旧的公共建筑见图 3-112、图 3-113。

图 3-112　葫芦卫生院

(图片来源：笔者自摄)

图 3-113　葫芦岛上的文化中心

(图片来源：笔者自摄)

3.1.6 1995 年至今的建筑——南岙村

(1) 概况

南岙村是海岛中的农业乡村，毗邻城区，常住户数 420 户，常住人口 1 424 人。南岙村有里新屋、翁家弄、大园地、坟头下、三和、老屋等小自然村 10 余个。自 1990 年代末期以来，南岙村村民的住宅由二层楼的砖混结构建筑逐渐过渡到水泥钢筋结构的别墅。到目前为止，整个村落的住宅将近 90%为别墅(见图 3-114、图 3-115)。

图 3-114 南岙村风貌 1

(图片来源：笔者自摄)

图 3-115 南岙村风貌 2

(图片来源：笔者自摄)

(2) 几个自然村建筑掠影

① 里新屋在村南面，三面环山。清乾隆年间张氏先祖在这里建廿四间走马楼。如今，这里新建别墅林立，成为名符其实的新屋(见图 3-116)。

图 3-116 里新屋

(图片来源：笔者自摄)

② 翁家弄在南岙村中部，最早定居的为翁姓村民。这个自然村多数住户由南岙水库上方村民迁徙过来的，房屋由集体统一规划建筑。村民住宅均为别墅(见图 3-117、图 3-118)。

图 3-117 翁家弄 1

(图片来源：笔者自摄)

图 3-118 翁家弄 2

（图片来源：笔者自摄）

③ 三和，历史上三和地处交通要道，日夜行人不绝，村口开设有张三和商行，故名之。今天，古驿道已被省级公路取代，道路两侧建造了风格多样的乡间别墅（见图 3-119、图 3-120）。

图 3-119 三和乡间别墅 1

（图片来源：笔者自摄）

图 3-120　三和乡间别墅 2

（图片来源：笔者自摄）

④ 坟头下位于村西北面，历史上此处后山多坟堆。1968 年老屋发生火灾后，有少数村民到此建房。农村实行家庭联产承包后，原住在半山的村民搬迁至坟头下，这里逐渐形成东西走向的长条形村落。这个自然村清一色为新建别墅(见图 3-121、图 3-122)。

图 3-121　坟头下新建别墅 1

（图片来源：笔者自摄）

图 3-122 坟头下新建别墅 2

(图片来源：笔者自摄)

⑤ 老屋、三房是张氏先祖定居最早的地方(见图 3-123、图 3-124)。

图 3-123 老屋、三房 1

(图片来源：笔者自摄)

图 3-124 老屋、三房 2

(图片来源：笔者自摄)

⑥ 中段里位于南岙村中心地段。在中段里，别墅鳞次栉比(见图 3-125)。

图 3-125 中段里的别墅

(图片来源：笔者自摄)

(3) 不同时期单体别墅实例

① 20 世纪 90 年代别墅

此段时期建筑风格为欧式，三层，坡顶。建筑体量大，庭院面积大。拱形开窗，正门檐口设廊和双坡顶，廊道口设罗马柱。图 3-126 是南岙村最早的别墅。

图 3-126 南岙村最早的别墅

（图片来源：笔者自摄）

② 2000 年前后别墅

南岙村新中式别墅面阔两开间，二层半，落地面积约 90 m^2。外观简洁、大方，又透露着儒雅秀气之美，在整片欧式建筑群中独领风骚（见图 3-127～图 3-129）。

图 3-127 2000 年新中式别墅

（图片来源：笔者自摄）

图 3-128　新中式别墅北立面

（图片来源：笔者自摄）

图 3-129　新中式别墅南立面与屋顶重檐

（图片来源：笔者自摄）

2000 年左右也建造了一批简欧风格别墅，如图 3-130 所示，面阔三开间，二层半，双坡顶，色彩明亮，实用性强。

图 3-130 简欧式别墅

（图片来源：笔者自摄）

③ 2010 年前后别墅

此段时期的建筑风格逐渐多样化，并存在很多户主个人风格的拼接行为。如图 3-131～图 3-133 所示，风格为现代中式。在渔村普遍建欧式别墅的热潮中，设计者为摆脱俗套，为渔村建筑带了清新的建筑风格，建筑外观明快简洁，色彩靓丽，让人百看不厌。

图 3-131 混合风格别墅正立面

（图片来源：笔者自摄）

图 3-132 混合风格别墅入口

（图片来源：笔者自摄）

图 3-133 混合风格别墅侧立面

（图片来源：笔者自摄）

2010 年左右也建造了混合风格的别墅。新别墅边保留老房子，既节省建筑成本，又增加室内空间，使房屋部分功能从房屋主体中分离出来(图 3-134)。

图 3-134 新旧混合建造风格

(图片来源：笔者自摄)

④ 2020 年前后别墅

此段时期建筑风格更为成熟，没有过多拼接元素。例如图 3-135 这幢，多为美式田园风格，面阔三开间，二层(不含地下室)，立面丰富，略显豪华。

图 3-135 欧式别墅 1

(图片来源：笔者自摄)

图 3-136 这幢,面阔三开间三层,坡顶,线条丰富,建筑构件罗马柱为多,阳台留有空间大,宅基地利用率高。

图 3-136　欧式别墅 2

(图片来源:笔者自摄)

3.1.7　未来建筑趋势及专门化建筑——朱家尖民宿

朱家尖岛在舟山本岛东南部,岛形略呈长形,南北走向,长约 13.7 km,东西最宽处约 9.5 km,面积约 62.8 km^2。2017 年末户籍总人口约 28 000。"朱家尖"名称最早出现在明嘉靖年间的《定海县志》上。岛上风光秀丽,朱家尖岛东部区域为普陀山国家级风景名胜区的组成部分。朱家尖距普陀山仅 2.5 km,又有得天独厚的旅游资源,因此,近些年入岛旅游人数剧增,带动了旅游产业发展,朱家尖的民宿成为岛上靓丽的风景,在满山遍野的欧式别墅中,我们看到了代表未来发展趋势的专业化建筑。

这些建筑的共同特点有:第一,设计理念先进,摆脱千篇一律的模式,给人眼前一亮的感觉。第二,设计手法灵活,契合功能。第三,追求设计风格多样化和个性化。

(1) 漳州村

① 海街 11 号

海街 11 号设计风格现代,外观简约,使人眼前一亮。其设计风格特点有:保留了原来环境中的树木,并予以合理利用和美化;用超大的落地窗,既强化了通透感,又让大厅和大海仿佛可"亲密接触";阳台设计给人以新的采景界面(见图 3-137～图 3-142)。

图 3-137 漳州村

（图片来源：笔者自摄）

图 3-138 海街 11 号正立面

（图片来源：笔者自摄）

图 3-139 海街 11 号侧立面

（图片来源：笔者自摄）

图 3-140　海街 11 号屋前园子与前方远景

（图片来源：笔者自摄）

图 3-141　海街 11 号入口台阶

（图片来源：笔者自摄）

图 3-142 海街 11 号透视

(图片来源：笔者自摄)

② “森木”民宿

“森木”民宿面阔三开间，三层，通透明亮，充分利用老宅基地，主宅与次宅沿山坡而建，呈现三个层次(见图 3-143、图 3-144)。

图 3-143 侧面

(图片来源：笔者自摄)

图 3-144 正面

(图片来源：笔者自摄)

③ 樟州路 26 号——屿伴湾

此处建筑风格高耸、挺拔，似乎拔地而起，傲然屹立在樟州湾，给人留下深刻的印象。建筑中注重垂直线条，于稳重中显气质，建筑元素不拘一格，为暖色色彩。在有限的宅基地建造不落俗套的建筑，可见主人审美观不俗(见图 3-145～图 3-147)。

图 3-145 正立面

(图片来源：笔者自摄)

图 3-146 侧立面

(图片来源：笔者自摄)

图 3-147 入口

(图片来源：笔者自摄)

④ 半山坡别墅

半山坡别墅风格为地中海风情。色彩为土黄色与红褐色交织，简单协调，明亮感强。线条丰富，西立面的浑圆造型与立面融为一体，给人以美感。注重空间搭配，充分利用每一寸空间，地下室与平台、阶梯，以及与门前大道关系处理恰到好处(见图 3-148～图 3-151)。

图 3-148　正立面 1

(图片来源：笔者自摄)

图 3-149　正立面 2

(图片来源：笔者自摄)

图 3-150　侧面 1

(图片来源：笔者自摄)

图 3-151　侧面 2

（图片来源：笔者自摄）

⑤ 山坡小岙口别墅

此处建筑体量较大，四开间三层加边套二层。拱形与方形相结合的窗户，使线条形状丰富，又恰到好处。罗马柱的运用显现了古典与庄重。以白色为主基调，给人清新明亮的感觉（见图 3-152～图 3-154）。

图 3-152　正立面

（图片来源：笔者自摄）

图 3-153 西侧立面

（图片来源：笔者自摄）

图 3-154 东侧立面

（图片来源：笔者自摄）

⑥ “清尘”别墅

别墅取名“清尘”，建筑风格清秀、纯净，外观简约、质朴、大方，通透感强，体量大（见图3-155～图3-158）。

图 3-155 正立面

（图片来源：笔者自摄）

图 3-156 西侧立面

（图片来源：笔者自摄）

图 3-157 东侧立面

（图片来源：笔者自摄）

图 3-158 底下架空层

（图片来源：笔者自摄）

（2）小乌石塘

小乌石塘在朱家尖大山南麓，村东海边有一条乌黑发亮的鹅蛋石堆成的海塘，长约350 m。

① “礁石”民宿

“礁石”民宿属于新中式，面阔三开间，三层，双坡顶，粉墙黛瓦（见图 3-159～图 3-161）。

图 3-159 “礁石”民宿侧立面 1

（图片来源：笔者自摄）

图 3-160 “礁石”民宿侧立面 2

（图片来源：笔者自摄）

图 3-161 “礁石”民宿正立面

（图片来源：笔者自摄）

② “澜舍”民宿

“澜舍”民宿的南面和东面两面均作为正面，场地大，院落南、东两个，附属建筑物多。建筑风格为粉墙黛瓦的新中式，这是近年小乌石塘地区统一的风格，简约、朴素、雅致，古典与优雅并存（见图 3-162～图 3-164）。

图 3-162 “澜舍”民宿正立面

（图片来源：笔者自摄）

图 3-163 院墙门洞

（图片来源：笔者自摄）

图 3-164 屋前过道及辅助建筑

（图片来源：笔者自摄）

3.2 海岛建筑的现状与发展

3.2.1 海岛建筑发展的瓶颈

现阶段，舟山群岛以人居生活空间承载的人口约为100万，面临着生存与发展之间的困境，所以其需要明确适宜的发展路径。

舟山群岛地处偏远海岛，且长久以来，当地民居建设质量偏低，从而导致大多数民居是通过就地取材的方式建造而成的。改革开放之后，伴随着舟山群岛居民经济水平的迅速提高，以及科学技术水平的迅速发展，舟山群岛在建筑方面逐渐达到了一个建设高潮。尤其是当地渔民，大多已经开始通过多元化的建筑材料建成了两层以上的开间民居。但伴随着渔业资源的逐渐衰退，以及国内经济结构的重新调整，舟山群岛又开始朝着商品经济多元化的结构转型，当地人们的生活水平有了新的提高。再加上现代科学技术以及新的价值观念的发展，许多传统的生活方式已经无法适应人们当下的思想观念和生活所需。在这种发展背景之下，舟山群岛逐渐涌现出了许多欧式的小洋楼，并形成了千篇一律的欧式小洋楼景象。

可以说，舟山民居的几次更新导致如今舟山民居从整体上来讲呈现出一种风格杂乱、割裂严重的发展局面，并且许多新兴的民居并不能很好地适应舟山海岛当前的人居环境。

所以，舟山海岛人居聚落的发展又陷入了新的瓶颈当中，而笔者在经过研究与分析之后，将这些问题概括为以下五点：

第一，舟山海岛许多旧有的人居聚落大都是自然发展而成的，存在着严重的盲目性特征，并且海岛内新建的一些聚落也存在盲目铺张的现象，这两者对舟山海岛地区的自然景观和土地资源均造成了较为严重的浪费与破坏。

第二，从整体上来看，舟山海岛的聚落呈现出一种布局分散的特征，并且道路交通不畅，基础设施不完善，卫生条件差且排水十分困难，从而给当地的人们带来了许多不便。

第三，海岛城镇化的逐步推进以及舟山海岛地区人口的衰减导致许多偏远地区出现了空心化的问题，留守的人们甚至难以维持正常的聚落生活。

第四，由于舟山海岛内民居室内总体环境状况较差，海风侵蚀室内家装现象严重，随时存在渗漏和坍塌的风险，并且舟山海岛内传统民居的采光不充分，导致室内潮湿阴暗，极不适合居民的生存。

第五，舟山海岛内的民居聚落生态环境差，且自然灾害频发，再加上当地人们缺乏资源危机感，从而在很大程度上加剧了当地生态环境的恶化。

3.2.2 海岛建筑发展的机遇

在长江的生态环境当中，舟山群岛占有很高的地位，再加上这里有着丰富的港口、渔业以及旅游资源，使得舟山群岛在长三角国民经济建设的过程当中能够发挥举足轻重的作用。

除此之外，舟山市政府部门在日常的工作当中，始终将建设“美丽海岛”作为发展的主要目标，并且随着时间的推移，当地人们已经逐渐形成了可持续的发展理念，所取得的这一系列工作成效均为舟山市开展生态海岛园区聚落建设打下了坚实的基础。笔者在研究与总结之后，发现这些工作成效主要体现在以下几个方面：

第一，在最近几年的发展过程当中，由于舟山群岛新区已经被正式确立为国家级新区，所以受重视程度也日益提高，这在很大程度上促进了舟山群岛的发展。

第二，伴随着“美丽海岛”村级评价指标体系日益完善，舟山群岛内绿色村庄建设情况越来越好。

第三，传统聚落当中的许多经验与技术得以延续，并且其中所蕴藏的绿色生态理念能够与当地的自然和社会条件良好适应，使人们从传统聚落文化遗产当中吸取许多的“绿色地域基因”。

除此之外，当地人均聚落原生的形态特征也同当今社会上所提倡的可持续发展理念存在着很多相通的地方，并在漫长的发展演变过程当中体现出强大的生命力。笔者在研究与总结之后，将这些优点概括如下：

第一，布局合理，可以发挥出依山就势的特点，从而减少对地面植被以及自然环境的破坏，起到维护生态平衡的良好作用。

第二，通过科学选址，能够在很大程度上扩大舟山海岛居民的生存空间，进而使其能够适应各类居住、生产和储藏等。

第三，当地传统材料民居保温性能良好，且对能源的消耗特别低。

第四，由于舟山海岛内许多传统民居屋顶为平层，这样既能够减少屋顶的受风面积，还可以晾晒鱼干，从而有效地增加当地可以被利用的土地资源。

第五，舟山海岛内的民居大都就地取材，既能够节约材料，还可以节约土地资源。

第六，舟山海岛内的民居不仅施工简便，而且造价低廉，无须复杂机械即可筑造而成。

总的来讲，研究舟山群岛内的生态建筑有着重要的理论意义和实践意义，能够帮助人们更为全面地了解长三角地区的民居建设情况，对舟山群岛有一个更为全面的认识。除此之外，舟山群岛属于长三角生态环境当中最为敏感的区域之一，影响力较大，所以应当尽快提出其生态聚落建造体系的有效策略。

3.2.3 海岛生态视角下的传统与现代建筑

对于地区原生建筑体系，可以将其理解为统一的生命有机体。该有机体发展时，会存在一定的特别形态表征，或者说一定的营建机制展现在一部分地区之中，并且将会向特定生态区域当中的最适者身份进行转变，这就是常见的特化现象。基于生物进化思想分析，某环境中的特化最适者角色，或许在某一个阶段非常适应那个环境，不过需要看到过于适应以及特化，必然会受到限制和束缚，环境一旦变化，这样的过于特化现象反而会因无法适应进化而导致灭绝。

一种民居类型往往会在一定的地域条件、历史阶段之下逐渐向最适宜居住形态演变和发展，这一点可以结合舟山群岛聚落成长来分析。在时代发展和社会进步下，传统的一部分形态开始面临着消亡和淘汰的命运。

但另一种民居类型会传承下来。例如在一部分传统建筑当中，对海岛石材进行大规模使用。石材民居一方面有着热惰性，另一方面通过设计可以具有良好的舒适度，所以让人们不会急于向新式楼房搬迁。这一点需要我们进一步研究。

营建体系自身具有的内在基因可以迎合现代化发展的趋势、要求，这是一个地区原生营建体系实现现代化目标的关键和基础，也是其永续成长与发展的前提。营建体系的结构关系、形态表征需要满足现代化机制，并且需要达到现代价值标准。只要以上的观点得到证明或者是肯定，则能够让我们更好地寻找适应激活营建体系生命力的有效渠道，并在其中不断融入新的成长元素，加快对建筑体系的整合重组，确保其能够持续健康地发展。

新型砖混住宅在改革开放后占据主导地位，此时传统民居走向衰落。近年来城镇化建设中呈现出小岛迁、大岛建的趋势，越来越多的人口开始向大岛现代聚落集中生活。以往的景观风貌在现代聚落影响下，持续发生变化，社会公共资源开始变得更为有效，且开始出现集约化的生态设施。这种变化既存在着正面影响，也存在着负面影响，主要有以下几点：第一，建房的大规模增加使得人地关系矛盾激化。以舟山本岛而言，随着临城新城的建设发展，新的大片可建用地难以再寻，所以在发展方面不得不依赖于围海造田工程。第二，缺乏统一规划的新建房，往往仅追求样式上的新颖，大而全成为建筑特色，这样相比于传统房屋，显然有空间浪费的问题；新建房在标准方面要求低，表面追求美观，但是相比于传统石墙民居显然缺乏稳定的维护结构，加上小别墅往往表现出高层式、高耗能，舒适度不足。

不管传统，抑或现代，都需要解决两个方面的问题：首先，针对地区传统建筑文化价值，需要实现纵向历史层面的超越；其次，针对建筑发展趋势，需要实现横向上紧贴整个时代的要求。该问题的解决可能会导致传统建筑文化当中的某些元素丢失，但是这是建筑文化发展中无法避免的，也是可以借助重建加以补偿的。

在舟山城镇现代化建设发展中，现代海岛聚落有着重要的贡献，其反映出了聚落向先进规划方向的发展趋势。地方的环境因素、气候因素、资源因素、社会因素、经济因素等共同作用于传统海岛聚落，这既蕴含了朴素生态学思想，又体现了更为本质的规律。当前的发展逐渐与现代哲学观念、现代价值观念进行融合。在这种趋势下，海岛人居环境在生态建设方面拥有了明确的方向，给海岛传统聚落的成长创造了机会与空间。所以传统、现代之间不断融合，这是当前舟山群岛生态人居聚落营建体系逐渐形成的根本原因。

3.3 海岛建筑适宜性设计

3.3.1 生态海岛建筑群空间体系

海岛环境的更新发展规律是建设生态海岛聚落空间环境的基础，因此生态海岛聚落空间环境建设要遵从这一规律，从而尽快改善环境，实现环境建设目标，推动环境的健康发展。需要指出的是，生态海岛聚落环境建设不应该破坏聚落自然生态系统，要构建健康的生产生活体系，实现海岛资源的优化配置，提高海岛资源利用效率，使整个人居环境体系实现可持续发展。另外，既要重视提高海岛资源的利用效率，尽量节省土地，节省能源，还要进一步完善公共服务设施，为群众的日常活动提供专门的空间，确保空间结构合理化，使空间环境整体质量得以提升。如此一来，群众日常生产需求和生活需求都能够得到满足，环境的凝聚力不断提升，进而增强环境的吸引力，使群众更加热爱自己的家园。

基于此，必须重视土地利用，制定合理的土地利用规划和具体方案，以免出现土地浪费。要整体把握岛屿单元自然条件以及社会条件，了解岛屿单元的历史条件以及发展现状，明确岛屿单元的未来发展需求，在此基础上重新调整海岛各类用地结构，优化岛屿单元布局。需要指出的是，用地规划带有长期性，要杜绝出现用地不规范，甚至随意用地的行为，否则会出现难以弥补的后果，造成巨大的损失。

之所以针对生态海岛聚落营建体系土地的可持续利用展开深入研究，主要目的在于构建起集自然、社会、经济于一体的复合型生态系统，同时还要确保该生态系统高效化、生态化、和谐化。

(1) 基于节约土地原则之下的聚落环境空间组织

土地可持续利用指的是在不危害后代对土地资源需求的基础上满足当代人土地需求的一种利用土地资源的方式。要想实现土地资源的可持续利用，必须保证越来越多的人口以及人们生活水平的提高对土地数量和质量提出的要求得到满足。土地隶属于可更新资源的范畴，如果合理利用土地，那么土地可以得到循环利用，可是如果利用不够科学，那么就会出现土地浪费的现象，而且土地也可能失去循环利用的能力。海岛土地资源有限，人口相对较多，以上情况尤为突出。

舟山群岛地理位置特殊，自然条件十分复杂，可满足农业生产和工业生产需求的土地资源少之又少。因此，聚落营建要充分考虑这一特殊的自然环境条件，根据自然环境条件平整场地，尽量提高土地资源的利用效率，构建起自然与人和谐共处的空间布局。生态海岛聚落建设要在继承传统居住空间布局结构的基础上，根据现实条件对其做出改进和调整，从而使人们现代化生产和生活中的土地需求得到满足。

① 通过山坡台地来组织生产和生活的空间

海岛聚落布局要尽可能地优化土地资源配置，提高土地利用率，因此要从当地特殊地理条件出发，利用山坡的走向合理布置住宅用地，以便将更多的平地资源用于农业生产和工业生产。另外，为了大力发展工业生产，要适当减少农业种植用地，因为农产品种植并不是海岛的经济优势。还有一点需要指出，要优化用地格局，根据具体的地形条件规划给排水管网以及设置不同的道路规格，要在控制投入的基础上尽可能地完善基础设施。

想要确保宅基地获得充分利用，需要将新型民居形式作为聚落建设重点，突出民居建筑层数的增加。与此同时需要注重对坡地的利用，实现户与户之间的穿插，例如立体家庭庭院，这种模式一方面让用地得到节约，另一方面居住环境空间层次不断拓展与丰富（见图3-165）。

② 合理的居住生活组织结构与明确的空间领域层次

舟山群岛居住生活多元化，居民有着独特的日常生活方式以及本身的内在发展规律，这已经成为当地社会生活网络的主要形式，邻里间有着和谐亲密的关系，生活中具有浓厚的乡土文化气息。为此在现代海岛聚落生活组织构建中，应当对不同层次存在的需求加以考虑，对空间领域的层次进行明确，做到邻里之间有着较强的内向性，这有助于邻里之间进行物质

图 3-165 利用山坡地组织民居空间

（图片来源：笔者自绘）

交流、精神交流，也使得聚落的凝聚力得到提高，安全感与归属感得到强化。

新型民居形态必须能够重点考虑地形地貌的特征，结构模式上形成聚居单位、基本生活单元、住户宅院相融合的模式。组织生活上需要基于公共、半公共、私密空间关系开展。与此同时还要注重各部分存在的关系，确保彼此既相互独立又相互联系（见图 3-166）。

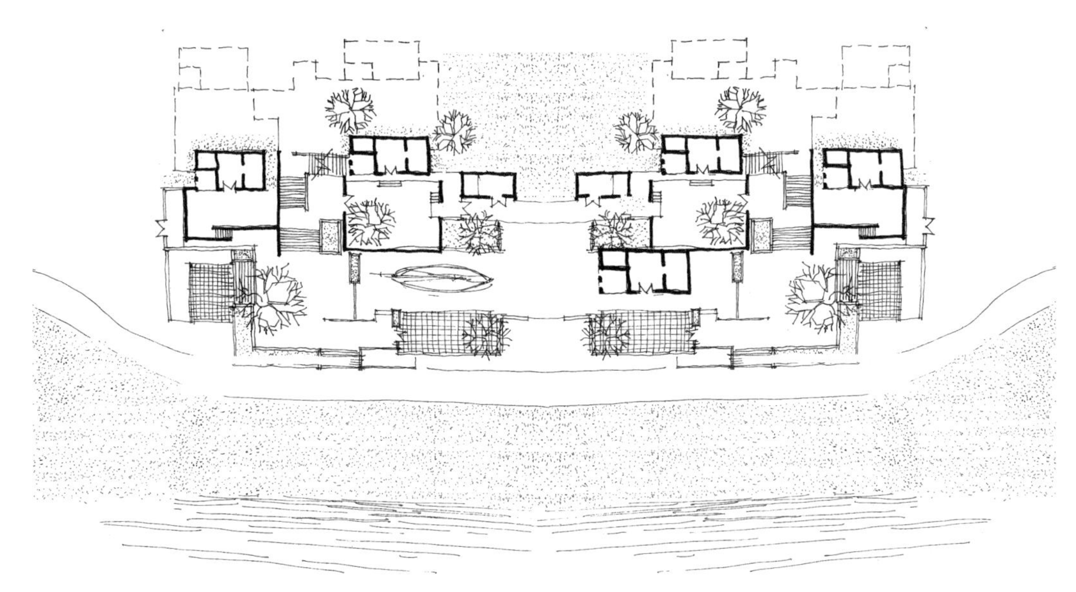

图 3-166 民居邻里组团示意图

（图片来源：笔者自绘）

海岛聚落中典型的半公共空间是邻里组团，邻里组团主要用于满足人们的日常交往需求，它的使用频率非常高。在很多传统村落中，人们日常交往的空间可能是古树下、水井旁、院中的台阶上，这些场所不仅是民俗文化的发源地，同时也是产生互助合作精神的地方。规划设计绿色人居聚落时，要关注邻里组团环境，因为它的好坏直接影响到人们居住的生活质量，因此要根据居住者的关系网络，在自主选择的基础上形成组团。比如，可以借助于住户重叠的院落空间以及空闲的坡地建成邻里活动中心。首先，要划定明确的空间范围，外来车辆不能进入，确保环境景观舒适化、休闲化，而且活动场所要适宜，这样才能增强组团吸引力。另外，要根据外在地形条件打造多种多样的空间形态，可以设置绿化带，摆放一些石桌椅，还可以搭建一些平台等，居住者可以从中感受到良好的生活情趣，从而更加热爱自己的家园。

③ 生产与生活方面的交通联系

聚落居住生活离不开良好的交通条件，交通是连接各个场所的纽带。随着海岛居民的经济收入连年增加，他们的出行方式有了更大的选择空间，不仅可以选择步行、骑自行车出行，还可以选择机动车作为出行方式。生态海岛聚落所在地形条件复杂，而且很多生产、生活场所都是依坡而建，这必然对交通提出了更高的要求。

既要全面掌握当地特殊的地形条件，还要考虑居民之前的出行方式和线路，并在此基础上对原有道路方向进行调整，确保那些居住在高处的居民也能选择机动车出行。另外，还要不断完善不同层次的道路，建设起包括多种道路层次的交通系统，这样才能进一步优化居住环境，增加不同居住者之间的联系，推动不同居民之间的沟通和交流。交通主干道既要串联起不同的生活单元，还要为聚落与外界之间的联系提供便利条件；聚落内部的生活单元要远离机动车辆，居民主要依靠非机动车出行，生活道路与生产道路尽量不要混在一起。

④ 完善的基础文化服务设施

从当前来看，海岛聚落的文化服务设施并不完善，居民的文化生活水平普遍不高，很多人仍然过着传统村落的生活方式，基本没有文化娱乐活动。基于此，生态海岛聚落规划要关注这一点，为公共服务设施建设安排充足的土地资源，这样才能在聚落内部完善文化娱乐设施，如可以建设村级广场，一方面可以供居民唱歌和跳舞，另一方面可以用来修补渔网，当然，还可以用作举办民俗文化活动的场所。这不仅可以提高居民的文化生活水平，而且有助于居民积极参与聚落的各项活动和管理工作。

(2) 绿化植被生态系统的保护

要关注海岛绿化工作，尤其要重视打造良好的生态系统。一是要掌握海岛资源情况，全面了解海岛气候、土壤、潮汐、动植物种类以及面积等不同方面的信息，从而为接下来的规划布局提供重要依据。二是要根据地形条件就近发展绿化，减少绿化成本投入。比如可以充分利用海岛原有的植物种类，尽量选择容易成活、便于照管而且具有较强适应性的树种。海岛光照时间较长，强风天气很多，而淡水资源比较少，所以更需要我们注重维护和管理绿植。比如移栽过来一两年的树木的主干要用铁架顶住，以免台风到来时将大树吹倒。要将草绳缠绕在树干上，截掉的地方要涂上蜡，最后将切口包扎好。大树的根须至少埋在离地面 1 m 的地方，将塑料薄膜覆盖在大树根部 1 m^2 范围内，目的是防止水分过度流失。对于灌木以及花草来说，由于它们的体积较小，因此种植时要尽量增加深度，目的是增强保湿效果。

要想办法增加森林面积，严禁破坏山体植被，提高绿色植被覆盖率，这样既可以美化环境，又可以保护水土资源，改善土壤，从而形成良好的生态系统。要想真正改善海岛生态聚落环境质量，就一定要从整体着手，彻底改善海岛整体生态系统。要利用舟山群岛的土地条件开发不同类型的土地类型，合理规划土地资源，针对不同的土地资源采用多种绿化方式，既可以建设防护林，种植绿色灌木，又可以种植经济作物等，在整个绿化生态系统中加入河流、田野、山体等元素，确保聚落环境朝着生态化、可持续化以及健康化的方向发展。

另外，还要打造合理的绿地系统，尽量少用硬质铺装，以免聚落微气候被破坏，要将自然生态环境与人工环境密切结合在一起(约翰·西蒙兹，2000)

(3) 庭院经济和立体化的院落空间形态

海岛聚落的主要生产方式是发展渔业，居民修补渔网、维修渔船等需要充足的室外空间才能进行。基于此，要优化民居建筑设计，充分利用住宅建筑的院落空间。居民可以在不同的层次空间进行生产活动和日常生活活动，比如住宅周围院落可以建设地窖或沼气池，并在上面种植蔬菜或者饲养禽畜，还可以在地面修补渔网或维修渔船，住宅的屋顶以及露台等地方可以接受更多的阳光，因此可以用来晾晒各种鱼干、虾干，还可以在屋顶露台安装发电设备，将太阳能转化为电能，从而提高庭院经济效益。另外，还要开展更多的种植活动，提高岛居空间的利用效率，增强集约效应，最终构建起海岛特色的庭院生态模式(见图 3-167)。

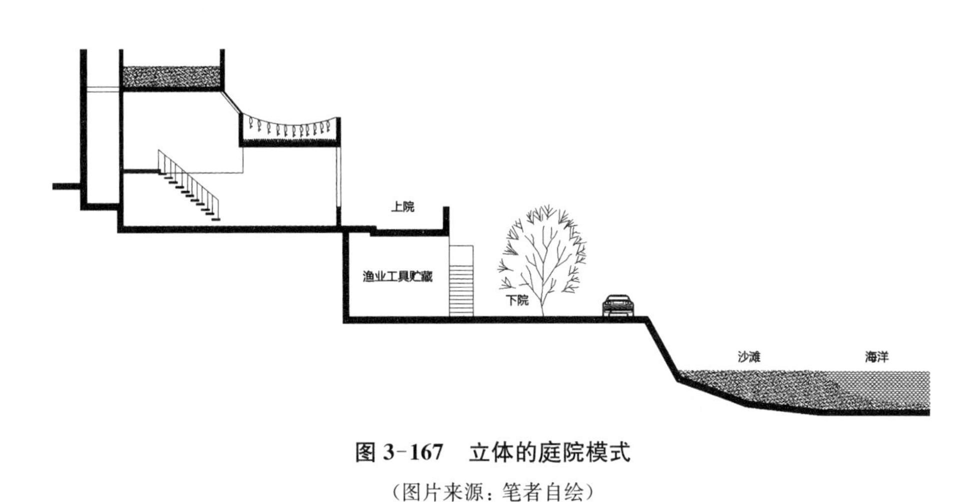

图 3-167　立体的庭院模式

(图片来源：笔者自绘)

3.3.2　生态海岛建筑群资源能源系统

必须进一步完善资源支持系统和环境支持系统，否则可能会影响到生态海岛聚落的健康发展。舟山群岛聚落的生产能源和生活能源主要是木材和煤炭，而煤炭属于不可再生资源，在大量消耗煤炭资源时，大量的有毒气体也一并排放到大气中，对自然环境产生严重污染，可见，海岛聚落发展经济的代价是污染生态环境。基于此，生态海岛人居聚落系统要合理利用能源，在发展经济的同时要注意保护生态平衡。从当前来看，要加快科学技术的研发，以此作为优化能源结构的手段。

(1) 新型海岛聚落能源的主要消费模式

舟山群岛聚落的能源消耗结构要合理，尽量减少使用不可再生资源。要合理开发清洁型能源，向居民宣传沼气、天然气的优势，充分利用先进的技术将风能、太阳能转化为电能等。舟山群岛风力资源十分充足,因此可以设置更多的风力涡轮发电机,为聚落提供更多的电能。由于海岛太阳能资源也十分充足,所以可以动员居民安装家庭光电转换装置,从而满足居民不断增长的电能需求,减少生态海岛聚落系统对不可再生资源的消耗。

(2) 水资源的循环利用

舟山群岛在发展经济的过程中面临诸多阻碍因素,但最关键的阻碍因素是水资源不充足,而且近些年来水资源质量不断下降。因此,当前舟山群岛聚落要下大力气改善水资源质量,维护水环境生态平衡,因此要做好如下三方面的工作:一是请专家考察当地水资源的质量和数量,形成详细的数据分析报告,并以此为依据建立起水资源循环系统;二是采用正确的水资源利用方式,保证水资源正常循环;三是地方政府要与社会力量合作,修建水库,这不仅可以加大岛屿内水系流量,还有助于岛屿内部原有的水循环机制正常运行。具体来讲,要在实践中严格执行以下措施:

① 资源利用:由于海岛淡水资源并不充足,收集雨水的方式可以有效解决淡水资源不足的问题。其中,最简便也最常见的收集雨水的方式是屋檐接水,即居民利用自家住宅的屋面作为收集雨水的场所,然后将收集的雨水进行过滤、储存、消毒,最后将其输送到所需要的地方。很多居民家里都建有小型储水空间。通过修建供水系统截留并储存雨水的方式利用雨水资源。一般来讲,主要集合屋顶、地面的雨水来灌溉农作物,或者将其用于工业生产。从当前来看,海岛主要利用家庭用集水系统(见图 3-168)来利用雨水资源,修建此类工程的成本通常在 10 元/m^3 至 15 元/m^3 之间。从 1985 年起,舟山市普陀区葫芦岛便已经在全市范围内推广屋檐接水的方式,已经建成屋檐接水工程的民居所占比例高达 85%。

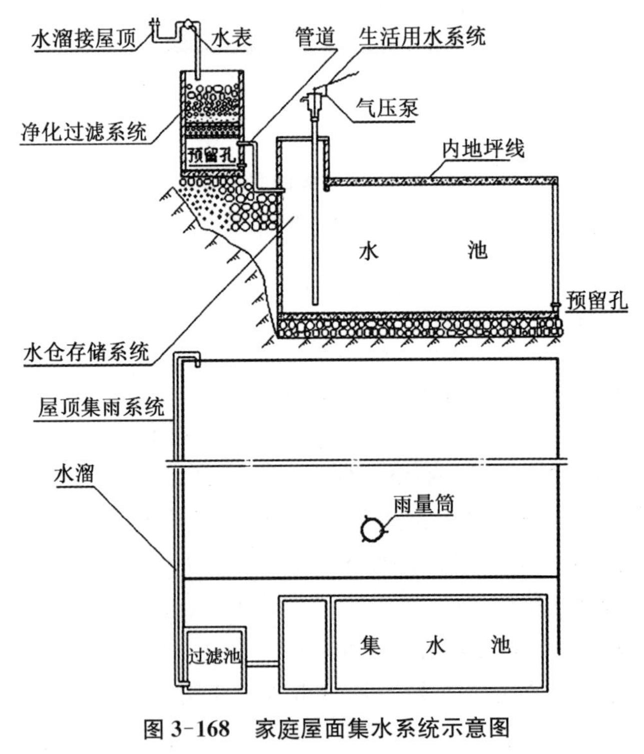

图 3-168　家庭屋面集水系统示意图

(图片来源:笔者自绘)

② 用水：为了缓解水资源不足的问题，还可以通过循环用水的方式进行。聚落居民可以在海拔较高的场所修建高位蓄水池，居民可以使用净化后的水洗菜、洗衣服等，使用后的污水要经过多层无污染处理之后才可以向河中排放，否则不能进入下一级循环中（见图3-169）。新型节水灌溉技术在农业生产中的推广：建立分级供水设施，满足不同的生活用水需求，减少水资源消耗量，尽力消除水污染。

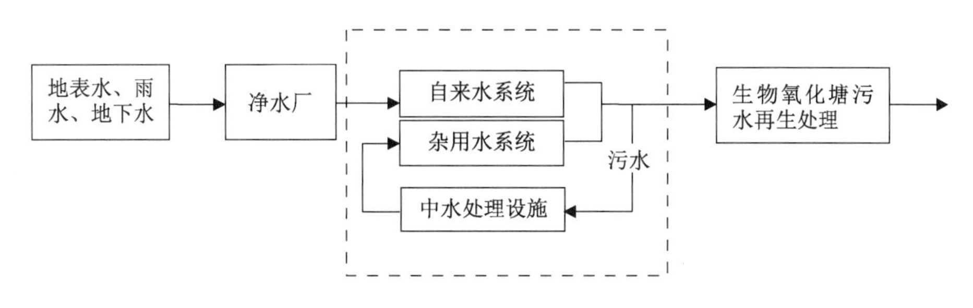

图 3-169 水的循环、再生、利用示意图

（图片来源：笔者自绘）

(3) 废弃物的资源化处置

从当前来看，海岛聚落环境并不佳，很多地方的环境可以概括为"脏乱差"，生活垃圾和生产垃圾随处可见，居民长期生活在脏、乱、差的居住环境中，必定不利于其身心发展，而且这也会破坏生态环境。由此可见，非常有必要维护绿色人居聚落生态系统平衡。要想实现这一点，就必须构建一个完善的、适宜的生态网，保证系统内部能量与物质的循环再利用。所以，生态海岛聚落要重视废弃物的处理，做好废弃物的分类管理工作，使废弃物得到循环利用。同时，在这一过程中注意引入先进的技术，确保物质循环流动系统健康、可持续发展。

3.3.3 海岛民居单体建筑适变策略

世界上任何一种事物都有自己的生命周期，建筑物自然也不例外。建筑物系统与其周围环境的生态系统无时无刻不在进行着交换活动，既有能量交换，又有物质材料的交换，这使得建筑内部的材料、空间以及能量也在不断发生变化。建筑物质材料随着时间的推移会发生老化，进而出现物质性变化。技术落后、设备落后以及环境转变引起的变化可以概括为功能性变化。海岛聚落要想实现可持续发展，建筑系统必须表现出发展的独特特征，这样才能应对物质性变化和功能性变化，所以我们要科学改造传统的居住形态，使建筑物的生命周期得以延长。

(1) 海岛民居建筑空间利用的功能适应性特征

对传统海岛居民来说，先要解决当前生活空间和生产空间混杂的情况。传统海岛居民可以根据现有的结构条件改造空间，提高空间利用效率，节省土地资源。可以推行带有平台的楼房，一方面可以扩大室内使用面积，另一方面也可以增加室外使用面积，传统居住环境也能得到改善。因此，海岛居民要根据不同功能对空间进行划分，以便更好地满足自身生活需求（见图 3-170）。

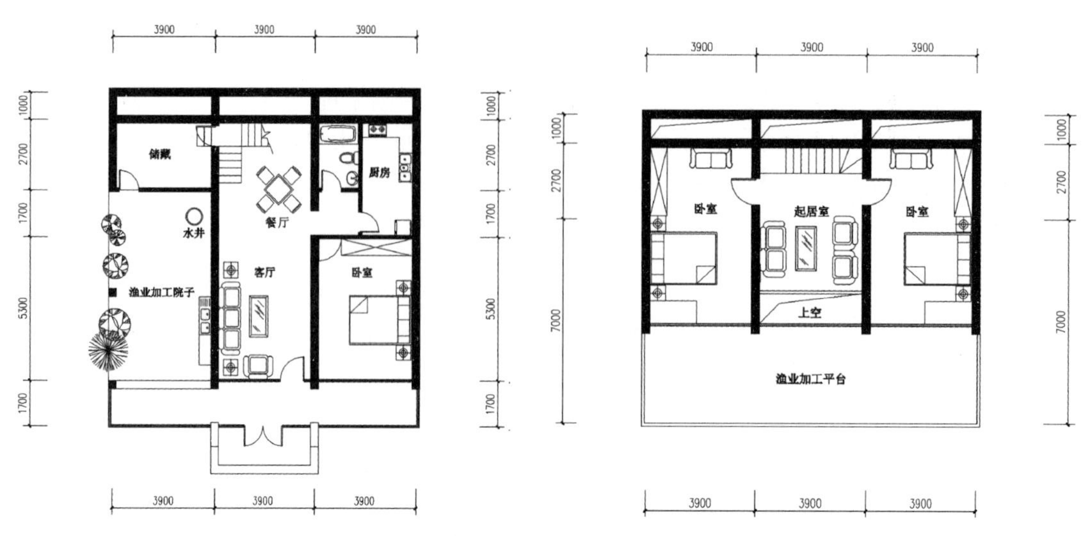

图 3-170 新型民居楼示意图

(图片来源：笔者自绘)

(2) 灵活多变的民居建筑空间形态

海岛民居建筑所使用的建筑材料具有承重性和耐久性，而且民居建筑的承重结构并不复杂，通常不会影响到内部空间变化。因此，海岛居民可以根据自己的生活需求，利用轻质材料对室内空间进行划分，所使用的轻质材料要便于安装和拆除，同时也要方便维护，以便于将来重新划分空间结构。

海岛居民住宅多数属于自建住宅，如果某一家庭需要分户时，要寻找新的适合建造住宅的土地。因此，海岛居民建造原有住宅时，要考虑到这种情况(见图 3-171)。

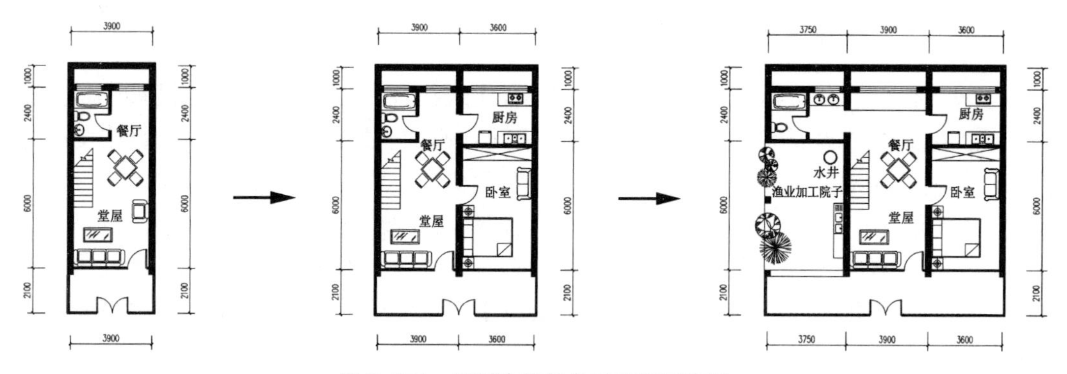

图 3-171 灵活变化的岛居空间示意图

(图片来源：笔者自绘)

(3) 海岛民居建筑的兼容功能

改善海岛居民居住环境不可能一蹴而就，它是一个长期而动态的过程，因此海岛全部居民根本不可能同时提高自己的居住条件，所以应当在把握居民经济能力的前提下，逐步改善居民的居住条件。最先要改善的是居民的自身居住条件,然后再逐步改善居民的生产条件,提供生产性建筑。

(4) 合理废弃以及循环再利用

海岛居民自建住宅时首先要考虑使用天然材料,尽量减少对环境的破坏。原有的旧民居如果无法进行修葺,可以将其中可以利用的建筑材料或设备拆除下来,并用于建设新住宅中,从而提高材料的利用效率。

概括来讲,民居建筑具有动态化特征,既离不开专业人员的全程参与,也离不开居民的规划、管理、维护和使用。民居营建具体措施分类见表 3-1 所示。

表 3-1 民居营建措施类型表

设计策略	营建措施	基本原则
功能适应性	第一,具备科学合理的结构框架,可实现对空间的高效率利用,倡导建设平台式的楼房;第二,分离空间功能,营造个人私密空间;第三,与传统生活习惯相契合	尊重使用者 环境舒适与健康性
空间灵活性	第一,尽量使用轻质的分隔材料;第二,材料以及设备在安装、维修以及更换方面具有便捷性;第三,设备管道可在围护结构的外壁进行固定	物质可循环利用 基于动态的设计应用 对使用者保持尊重
功能兼容性	第一,采取分期方式进行扩建;第二,实现岛居平面的模数化处理;第三,给后续的扩建预留足够的空间位置;第四,多样化的岛居平面设计	低投入与高效益性 对使用者保持尊重
耐久多适性	第一,针对老旧设备材料进行更新;第二,材料具有高度耐久性;第三,旧岛居改造	高效利用性
废弃及再利用合理性	第一,废弃设备的重复利用;第二,针对设备材料进行无害化处理	循环利用的最佳性

资料来源:笔者自绘。

3.3.4 海岛民居建筑被动式生态策略

(1) 营造院落性气候缓冲空间

海岛地区有非常适宜居住的居住空间,也有非常恶劣的外部气候环境,因此可以在二者之间设置过渡性空间。舟山海岛地区传统民宅中有很多这样的过渡性空间,此类空间具有半室内半室外特征,如走廊、巷道、天井等。这些过渡性区域可以将良好的室外条件引入室内,如增加自然采光,通风透气,同时还可以减少恶劣自然条件的负面影响。研究者通过测量空间温度发现,室外温度以阶梯状向室内温度过渡,可见设置这一过渡性空间有助于打造宜人的室内环境。巷道、天井等属于水平式过渡空间,而阁楼则属于垂直式过渡空间,它们的存在使卧室内温度最稳定,室内气温极值出现时间比室外晚,而且气温变化幅度也明显小于室外。

不仅如此,舟山海岛民宅中常常设有堂屋,这一过渡性空间一般用来满足居民吃饭、起居以及交往的需求。在夏季,堂屋内最高温度约低于室外最高温度 7℃,因而当地居民喜欢在堂屋乘凉。

(2) 通过被动式措施针对海岛民居建筑微气候进行调节

所谓建筑环境微气候，指的是建筑物及周边区域的气候状况，它包括温度、湿度、辐射、空气流动等多个方面。建筑微气候会对建筑物室内环境以及人们在室内的舒适度产生一定的影响。一直以来，建筑师往往将关注点集中在建筑的空间功能、视觉效果等方面，却不重视考虑居住者的生理需求，导致部分室内物理环境不符合居住者需求。适宜的室内物理环境包括温度、恰当的热环境、新鲜的空气环境以及出色的光线环境(见图 3-172)。

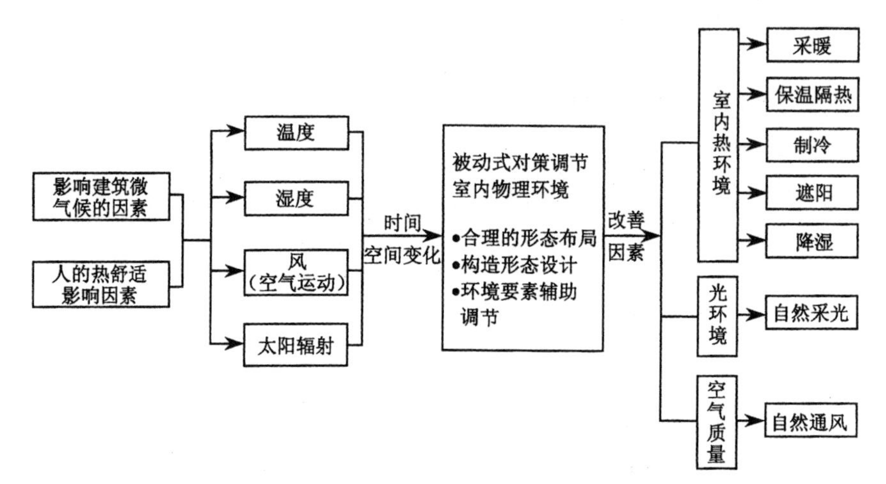

图 3-172 微气候因素与海岛民居物理环境调节的关系图

(图片来源：笔者自绘)

被动式对策指的是以优化建筑形态布局、改进建筑结构以及合理利用建筑外部环境等为主要手段对建筑微气候进行调节，使室内环境最适宜居民居住。被动式对策不倡导使用机器设备，它主要从以下方面来调节建筑微气候：

① 尽量消除影响室内物理环境的负面因素，常见的措施包括抵挡寒风、遮蔽毒辣的阳光等，尽量不使用机器设备调节室内物理环境，减少能源消耗。

② 设计合理的建筑结构，改变建筑构造等，尽量阻止对室内环境具有不利影响的能量或物质进入，如设置被动式太阳房采暖、通过蒸发降温等措施的使用频率较高。

③ 调节建筑室内微气候时使人基本感受到舒适即可，不需要达到最高舒适程度，可以利用人的自身调节功能或者通过添减衣服来达到最佳舒适度，从而减少运行机器设备所消耗的能源(Givoni B, 1994)。

(3) 被动式太阳能集热系统

被动式太阳能集热系统可以将太阳能有效集中在一起，进而解决室内供暖的问题，该系统的集热方式包括直接受热式、附加阳光间式和集热蓄热式三种类型。被动式太阳能集热系统通常将三种集热方式结合在一起，目的是提高集热效率，降低成本。通过安装被动式太阳能集热系统，传统海岛居民便可以在尽量不消耗不可再生资源的条件下解决冬季室内供暖和夏季室内降温的问题(见图 3-172)。

可以考虑在朝南的平台上设置阳光房，既可以满足收集太阳能的需要，又不会使整体建筑面积加大。阳光房内可以摆放一些绿植，可以使过渡空间更加美观。每当冬季来临，阳光房的玻璃窗可以将太阳能源收集起来，阳光房以及起居室的室内温度就会上升，靠南方向的墙体便具备了储热功能，可以将多余的热量储存起来。另外，当阳光房内的空气温度上升时，在大气压力的作用下，起居室内空气就会流动，通过空气流动交换热量，那么起居室内温度便会随之上升。另外，阳光房的玻璃必须能够活动，夏季时可以打开窗户，使空气流通，并将多余的热量带到室外。

我们还可以对楼板的形式进行改善，以此来改变室内热环境，使室内环境变得干燥。

由于被动式太阳能系统巧妙地结合了海岛民居的保温性能，因此被很多海岛民居所使用，成为当地居民最喜欢的一种采暖方式。海岛居民可以在尽量不使用设备的条件下，改善民居室内热环境，并使室内温度基本达到舒适程度。

显然，被动式太阳能建筑具有便于施工、维护简单、资金投入低等优势，而且使用过程中基本没有噪音，生命周期还很长。可是它自身也存在一些缺点，如不能在短时间内反映出温度变化，主要原因在于被动式太阳能建筑的建筑物、吸热系统以及蓄热系统密切结合在一起，彼此不能分离，无法单独进行控制。被动式太阳能建筑包括诸多类型，其中最常见的包括附加阳光间式、直接受益式、自然对流环路式，其他还包括屋顶水池式、集热—蓄热墙式等。

如图 3-173 所示，这是人们非常熟悉的P.戴维斯太阳房。通过观察可知，该太阳房面向南，地下设置了通风管道，北房与南房下部连接，碎石槽具有吸收太阳能的作用，然后将多余的热量释放到室内，箭头显示了空气的流动方向。

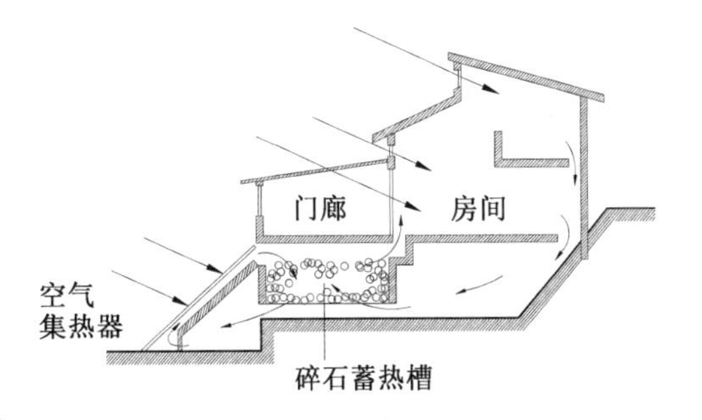

图 3-173 P.戴维斯太阳房

（图片来源：笔者自绘）

（4）被动式调节方法的体系化

海岛气候不同于平原地区，因此要结合海岛气候条件，对民居室内热环境、光线环境以及空气环境进行改善，但是在这一过程中可能会产生一些矛盾，如通风与保温之间的矛盾、降温与降湿的矛盾等，还包括提高室内温度与减少消耗不可再生资源的矛盾等。

民居建筑的窗户既影响集热，又影响散热，因为窗户下边的墙体建造材料通常是砖或石头，它们具有良好的储热功能，阳光充足的时候可以吸收大量的热能，夜晚室外温度降低后，可以通过释放热量来提高室内温度。储热体体积以及集热面积与民居保温、降温之间存在极为密切的联系。冬季所收集的热量较少，可能会适当增加能源消耗；夏季储热过多，可能会使室内温度过高，使人产生湿热感。所以必须综合考虑多方面的因素，合理设计建筑构造。

为了更好地调节海岛民居微气候，可以在综合考虑环境因素的条件下采取恰当的解决措施。可是各种不同的解决措施之间也可能互相影响，甚至也存在一定的矛盾。只有光线环境、热环境以及空气环境三者都得到改善，才能营造一个健康、舒适的室内环境。所以，要全面分析不同因素的调节原理，再以此为基础确定相应的调节措施，形成完整的包括多种措施的被动式对策民居环境调节体系。要整体把握民居室内物理环境的主要影响因素和次要影响因素，在设计民居构造时引入不同的调节措施，保证调节效果。

3.3.5 海岛建筑生态构造设计

建筑的构造形态包括两部分：一是使用的建筑材料，二是所使用的建筑方式。建筑物包括屋顶、门窗、墙面、地面等多种组成要素。建造海岛民居时必须综合解决保温、采暖、降温、隔热等多种问题，因此必须做好构造形态设计工作。

(1) 从地域技术到生态海岛民居建筑构造设计

① 建筑围护结构的处理

建筑围护结构既可以影响到建筑运行中能源的消耗以及人的舒适程度，还可以影响到建筑周围环境。设计海岛人居聚落的建筑围护结构时，一般遵循隔热为主、兼顾保温的原则，通常注重以下几个方面：

屋顶：传统民居屋顶的形式在很大程度上受降水量的影响。如北方降雨少，因此多采用平缓的屋顶，因此平顶房在北方十分流行。南方降雨量大，所以屋顶都有坡度，并且坡度很大，目的是尽快让雨水从屋顶流下去。舟山群岛雨水较多，所以传统舟山民居统一为坡屋顶。不仅如此，舟山传统民居屋顶通常使用双层小青瓦作为建筑材料，不但坚固耐用，使雨水可以快速流下去，而且还具有显著的隔热功能。通过分别测试覆瓦与仰瓦的上、下表面温度可以发现，覆瓦上表面温度最高，而仰瓦下表面温度要低，可见双层小青瓦作为屋顶建筑材料可以起到良好的隔热效果。当夜晚来临，小青瓦上表面温度约为 25℃，这说明它也具有良好的制冷效果。通过温度测试可知，舟山传统民居所使用的小青瓦的隔热效果和制冷效果都非常明显，这与当地特殊的气候条件相适应，有助于营造舒适的室内热环境。

墙体：舟山传统民居墙体一般以花岗岩为基座，根据经济条件的差异，再用青砖、原始毛石以及土坯作为墙体建筑材料。青砖尺寸标准，加工工艺一流，由一种特殊的黏土烧制而成。青砖的砌筑技术十分先进，墙缝都在一条直线上，既美观大方，又坚固耐用，更重要的是还具有抵御寒风的功能。一般内墙温度比外墙温度低 8℃，并且内墙表面温度变化幅度较小，空气流动较弱，这证明青砖蓄热性较好，热容大，可以阻碍热量向室内传导，使室内热环境得以改善。不仅如此，青砖墙体颜色较浅，反射太阳光明显，这也有助于降低室内温度。

楼地面：南方地区以湿热气候为主，舟山地区的年均湿度为 79%，所以必须重视民居地面的防潮处理，使室内湿热环境得到改善。舟山传统民宅常常先用素土将地面夯实，然后再铺上石板或青砖，前者具有吸附水分的功能，而后者能将潮气隔离开来。墙体基部常常用麻石建造，这种材料不仅防潮、隔水，而且不容易损坏。通过研究发现，以上措施都能起到良好的隔热、隔潮效果。

② 遮阳措施的处理

舟山海岛民居建造时要注意建筑遮阳。当太阳辐射较大时，要遮蔽阳光，避免阳光直射室内。舟山海岛传统民居一般都进行了这样的处理。

基地遮阳：基地遮阳包括不同建筑物之间的互相遮阳，也包括绿植遮阳。传统民宅院落南部常常种植绿色植物，植物的叶子可以有效阻挡阳光，从而起到调节建筑微气候环境的作用。

挑檐和走廊：舟山海岛传统民宅的檐口较深，可以有效遮挡夏季阳光，防止直射室内。

门窗：门窗设计质量直接影响到遮阳效果，合理的门窗设计可以有效阻挡太阳辐射热量，以免室内温度过高，而且还保证了正常采光。朝南方向的窗户可以设计成"双层皮"结构，通过控制窗户可以起到良好的隔热保温效果。"双层皮"窗结构的活动百叶方向可以调节，从而根据实际需求起到反射热量和吸收热量的作用。双层玻璃设置了上下两个排气口。人们可以在冬季白天收起百叶，从而吸收更多的热能，到了夜晚，人们可以将百叶关闭，阻碍热量的传导，使室内温度变化幅度降低。夏季情况与冬季正好相反，百叶反射面在夏季白天朝向外部，目的是阻挡热能进入室内，而且打开上下排气口，可以起到阻止空气对流、调节室内温度的作用。

需要指出的是，必须保证门窗具有良好的气密性，否则，任何保温隔热措施都不会产生明显效果。

舟山海岛地区传统民宅的门窗一般为栅格状，窗台较宽，距离地面较远，可以用来晾晒海鲜。

有条件地利用天井：海岛地区土地资源相对紧缺，因此庭院面积一般较小，可是为了调节微气候以及满足居民的户外活动需求，通常会设计出天井。与北方地区的庭院相比，南方民居的天井面积小很多，而且通常为狭长结构，南北距离较小，东西距离大。

南向阳光会以较高的入射角射入天井，因而天井中朝南方向的挑檐设置为 1 cm；东向阳光会以较低的入射角射入天井，因而朝东方向的挑檐设置为 2 cm。另外，朝南方向的檐口高度高于其他方向的檐口高度，从而使夏季高入射角照射而来的阳光被阻挡在外，保证冬季低入射角的阳光有机会进入室内。

③ 隔污除湿换气自调节空调系统

自然通风具有三方面的功能：首先，可以将室内的污浊空气排放到室外，确保室内空气新鲜；其次，促进人的身体与空气之间交换热量，使人感到舒适；最后，空气流动带走热量，降低温度。可以利用两种方法实现自然通风：一是由于建筑的迎风面与背风面形成风压而导致被动通风；二是室内外温度差异形成热压，从而出现烟囱效应，当热空气向风口流动向外排放时，外部冷空气会随之进入室内，发生空气流动。当外部温度较低时，可以通过调节自然空调系统来保证新鲜空气进入室内，同时还要减少外部冷空气进入量，确保室内热量不过度流失。

a. 崖体拔风：崖体隶属于海岛民居地基，很多海岛民居的崖体设置了拔风管道，该管道的动力源自太阳能。将拔风管道与地基中的水平地沟通风系统连接在一起，如此一来，可以将风动力提供给建筑外围人工通风系统。当一线滨海区建有民居时，海水蒸气也可以通过这一系统进入专门的蓄水池，当海水蒸气冷却之后便成为淡水，从而满足居民的生活需要。

b. 地沟通风：地沟通风系统一般设置在民居下方，包括蓄水池中的卵石腔体和地下埋管两部分组成，埋管长度和深度分别为 8 m 和 1.5 m。通过研究发现，10 月份和 4 月份会出现温度最高峰值和最低峰值，使海岛居民可以在冬季利用地热，夏季利用地冷。总之，设置地沟通风系统后，海岛民居的室内温度变动幅度较小，冬季有利于增加室内温度，夏季有利于降低室内温度，使民居有更高的舒适度。

c. 竖井通风：大部分民居还设置通风竖井，它们的宽度通常在 80 cm 至 100 cm 之间。通风竖井的下部经通风地沟与室内连接在一起，上部设置了排风窗。受热压与风压的影响，民居内部空气流动时会带走一部分热量，从而达到降低室内温度的目的。可以人为控制竖井通风量，竖井高度与风压之间呈正相关性，因而竖井越高，通风效果越好。根据伯努利定律，当流体平行运动时，能量不发生变化。当流体出口直径比进口直径小的时候，出口的流动速度会比进口流动速度大。可见，通过调整竖井上部的可控窗增减出口处大小，可以使室内空气流动速度符合我们的需要。

石制或砖制的建筑材料蓄热效果比较好，因此也属于室内隔污除湿换气自调节空调系统的一部分，与地沟管道、竖井等发挥同样的作用。

④ 新型民居建筑降湿的构造措施

控制壁面散湿：顶部可以种植绿色植物的民居有必要大范围推广开来。由于土壤湿度高，可能会引起民居顶部发生渗漏，因此可以用塑料薄膜或者油毡纸等材料对民居顶部进行防水处理。还要注意对建筑的朝向进行调整，进而形成微气流，使室内空气发生流动，最终达到降低湿度的目的。

通风降湿：民居主要通过空气流通达到降温除湿的目的。建筑下部的地沟通风系统以及室内的空气流通组织可以使海岛民居室内湿度适宜，而且还可以调节室内温度。

(2) 民居建筑外部环境的调控措施

海岛民居特有的构造对室内温度和湿度具有重要调节作用，包括植被、构筑物、土壤等在内的其他外部因素对民居室内环境也具有辅助性调节作用。

第一，前文已经提到，土壤具有吸收热量、避免室内外温差太大的作用。

第二，控制阳光照射强度和风力大小。可以利用挡风墙等构筑物或者植被调节阳光照射的强度。建筑的最南面可以种植落叶乔木，夏季可以遮挡强烈的阳光，避免民居室内温度过高，冬季乔木的叶子全部落光，阳光便可以直接照射到室内。除此之外，植物叶子通过蒸腾作用也可以有效降低空气温度，从而达到降低民居温度的目的。

第三，净化空气。植物还可以减少空气中的灰尘含量，净化空气，达到调节气候的目的。研究者发现，植物叶子可以吸收空气中的二氧化碳，制造氧气，而且还可以清除空气中的各种有害物质，为居民提供清新的空气。

(3) 地域适宜性技术的综合优化运用

通过前文论述不难发现，传统的民居营建技术直到如今仍然有非常重要的价值。生态海岛人居聚落的健康发展必须建立在恰当的技术之上，而我们选择营建技术时要重点考虑该技术是否有助于满足当地社会发展的需求。适宜性技术能将自然环境、经济发展水平结合在一起，因此我们不仅要继承传统技术的优势，而且还要不断改进传统技术，打造技术组合，实现生态岛居聚落的可持续发展。常见的适宜性技术包括改进构造技术、主动式太阳能技术、被动式太阳能技术、改进传统水窖技术、生物质能利用技术等。

总而言之，适应性技术的大面积应用必须以群众的高度认可为前提，否则就难以在实践中推广开来。因此，我们要综合、全面评价技术的经济效益、社会效益等，避免选择那些成本高、投入高的技术。

3.4 海岛建筑营建体系多层级构成

我们要根据生态海岛聚落特殊环境建立起营建体系分层多元形态模型，这不仅可以为相关研究提供一定的借鉴，而且也有助于海岛人居环境营建基点平台的打造。

打造该基点平台时要做好三个层面的工作，这样才能推动分层多元形态模型的推广与应用。一是全面分析生态海岛环境的地形地貌，确定聚落体系的构造以及分布；二是确定聚落建筑的营建方式；三是明确海岛民居结构以及所使用的营建技术。外部因素会影响到以上三方面的工作效果，而且不同层面的因素和类型所产生的影响也存在很大差异。基于此，我们要综合研究以上三个不同层面，详细而准确地了解生态海岛聚落营建体系，从而为具体的实践操作提供指导。

3.4.1 舟山群岛人居地形土地利用策略

要以生态整合系统理论为指导，合理配置土地资源，依照地形条件提高土地资源利用效率。

（1）保护海岛滩涂、芦苇湿地、沙滩等地，原因不仅在于这些地域属于海岛生态用地，而且在于它们可以用来养殖海产品、发展旅游产业等。

这些海岛生态用地面积减少速度很快，并且很多区域已经受到严重污染，因此生态海岛人居环境建设研究中要重点关注此类用地。

（2）海岛平原以及围垦用地地势平缓，而且离海岸最近，因此此类用地应该主要应用于城镇建设或发展各类产业。从整体来看，应适度降低农业产业占用海岛平原或围垦用地的比例，可以用来发展特色农业；优化二、三产业布局，沿海岸线方向发展港口物流产业，城镇服务业转向海岛腹地，选择条件适宜的海岸线大力发展旅游业，最大限度地提高土地资源的利用效率，提升综合效益。

很多发展较好的城镇分布在以上区域，因此尽量不要在此类用地上增加新的建设用地，而是集中有限的土地资源用来发展各类产业。

（3）要大力开发海岛海拔较低的缓冲区及丘陵区域，主要用来建设民居。既要注重在此类土地上完善基础设施，适当增加民居数量，又要注意节省土地资源。舟山群岛人均建设用地指标应该比当前指标要低，这样才能使未来人口发展需求得到满足。

我们可以借鉴海岛山岙人居聚落的建设特色和优势，对传统的分散式民居分布格局予以调整，使民居分布更加紧凑。同时在建设过程中还要注意依山傍势，借用现有的地貌条件来减少建设投入。宣传新型绿色民居建筑形式的好处，使之逐渐大面积推广开来，适当增加住宅层数，建设更多立体化住宅，以便减少住宅用地。

山岙坡地居住区中心的工业生产用地要纳入严格管控之中，杜绝那些对环境具有严重污染作用的企业进入居住区中心。根据人居聚落实际需求，并结合适宜的山岙地形条件，加快建设配套设施。

(4) 按照保护原生态原则来对待海岛腹地山区或海拔较高的山地，可以在此类地区发展畜牧业，也可以种植水果、蔬菜。如果此类地区蕴含着较为丰富的人文资源，可以用来发展旅游产业。

总之，要按照如下两个要求来对待以上四类土地：

一是两保护、两开发。注意保护海拔较高的山地和潮间带，适度开发坡势平缓的地区和平原围垦用地。

二是一转移、一融合。人均居住区在平原土地中所占比例要适度下降，将民居移向坡势平缓的丘陵地带，打造立体化、多层化的空间用地模式(如图 3-174)。

图 3-174 生态人居区域系统的用地模式

(图片来源：笔者自绘)

3.4.2 生态海岛民居聚落组合模式

通过分析舟山地区村落名字可知，不少原生村庄被习惯称为“×岙”，如大使岙、南岙等，这能从侧面反映出海岛聚落的原生态模式。山岙聚落符合舟山群岛地形特点，当住户在某一固定区域内达到一定规模后就会逐渐形成一个稳定的共享空间。这一空间不仅可以为住户的日常生活、生产需求提供重要保障，还能满足他们的私密性要求。不仅为住户之间的沟通和交流以及增进感情提供平台，也可以为举办各种民俗活动提供重要场所，其他外界人群很少进入该共享空间，因此山岙聚落具有较强的凝聚力，地域特点比较突出。

山岙聚落在漫长的社会发展中经历很长时间才逐渐形成，这种特殊的社会结构相对比较稳定，是社会体系中的重要组成部分。不仅如此，它与海岛历史文化存在密切联系，二者相互影响。

通过分析海岛居住区基本生活单元模型可知，规模不大，居住楼只有七八幢，居民在自愿原则上根据实际情况选择重新构建、维持原状，或者重新划分布局，组成新的邻里单元。山岙基本生活单元是舟山群岛中独具特色的空间形态。

(1) 基本生活单元形态模式——山岙单元构想

① 邻里活动中心：有助于维护居住者的利益，提高居住者的生活水平；为居住者之间的沟通和交流以及开展各种民俗活动提供场地；有助于培养居住者对空间的归属感，从而自觉产生责任感和热爱之情，推动地方文化的发展。

② 活动休息场地：满足居民之间的精神交流需求，为其开展一系列精神活动提供主要场所。

③ 汲水处：舟山地区淡水资源比较紧缺，既要注重雨水的储存，又要适度开发地下水资源。为了应对枯水季节可能会引发的淡水资源枯竭，有必要设立汲水处，既可以满足居民的日常生活需求，也能促进邻里之间的交流。

④ 楼院：每一幢居民楼都是社会的基本组成部分，同时也是基本的生产和生活单位，另外，它也是山岙空间模型的主要构成者。

⑤ 生产庭院：主要用来晾晒海产品和饲养畜禽，也可以建沼气池、水窖，并在上面种植蔬菜。

⑥ 步行公共道路：将各家各户连接在一起，便于邻里之间进行交流和沟通，主要为尽端式。

⑦ 通往庭院的小路：具有独立性，不影响邻里活动中心，它连接着上层道路，机动车可以在此行驶。

⑧ 空间重叠部分：最大限度地利用坡地空间，以便节省土地资源（如图 3-175 所示）。

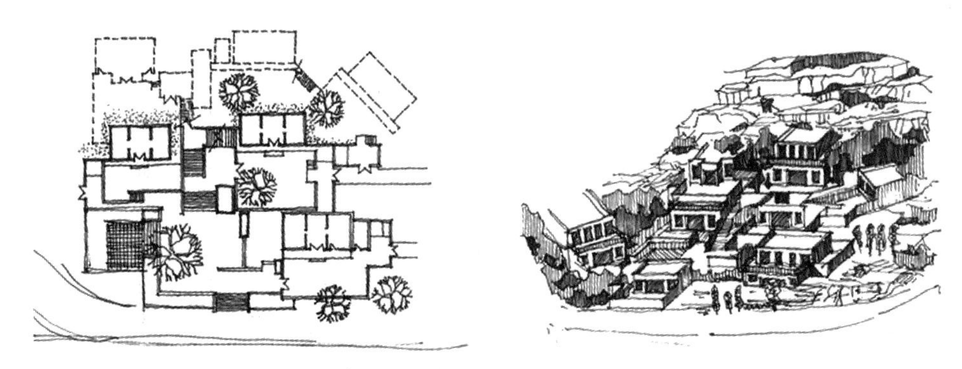

图 3-175 基本生活单元模式图

（图片来源：笔者自绘）

（2）山岙基本生活单元详细设计

笔者将建造用地要求以及构建思路结合在一起，详细分析了舟山群岛山岙住区基本生活单元。

该生活单元由 8 幢独立的居民楼组成，彼此之间联系相对较多，同时还与依坡就势建造的庭院相结合，提高空间的利用效率，减少土地资源的消耗。

该基本生活单元的居民可以在这一空间完成各种生产活动和日常生活活动。内部生活道路在该基本生活单元中占据重要地位，它可以将居民与公共服务设施连接起来，并组建起完整的交通体系，从而满足人们的运输需求。依据地形条件，设置出入宅院的端口，由于道路布局错落有致，灵活多样，所以大大增加了建筑群体空间的吸引力。

同时设置了若干高度不一的平台作为公共空间，不仅可以为居民的沟通和交流以及举办民俗活动提供活动空间，而且可以将标高不同的多位住户连接在一起。所设置的汲水处不仅可以为居民洗衣服、洗菜提供场所，便于居民取水，也为居民增加了更多与他人交流的机会。不仅如此,还精心设置了单元入口,便于居民产生强烈的认同感,更加热爱自己的家园。

3.4.3 生态海岛民居单体建筑设计

笔者在分析海岛聚落民居使用功能以及调节民居微气候方式的基础上提出,要与适宜性技术结合在一起,打造生态海岛民居单体建筑的形态模型(如图 3-176 所示)。

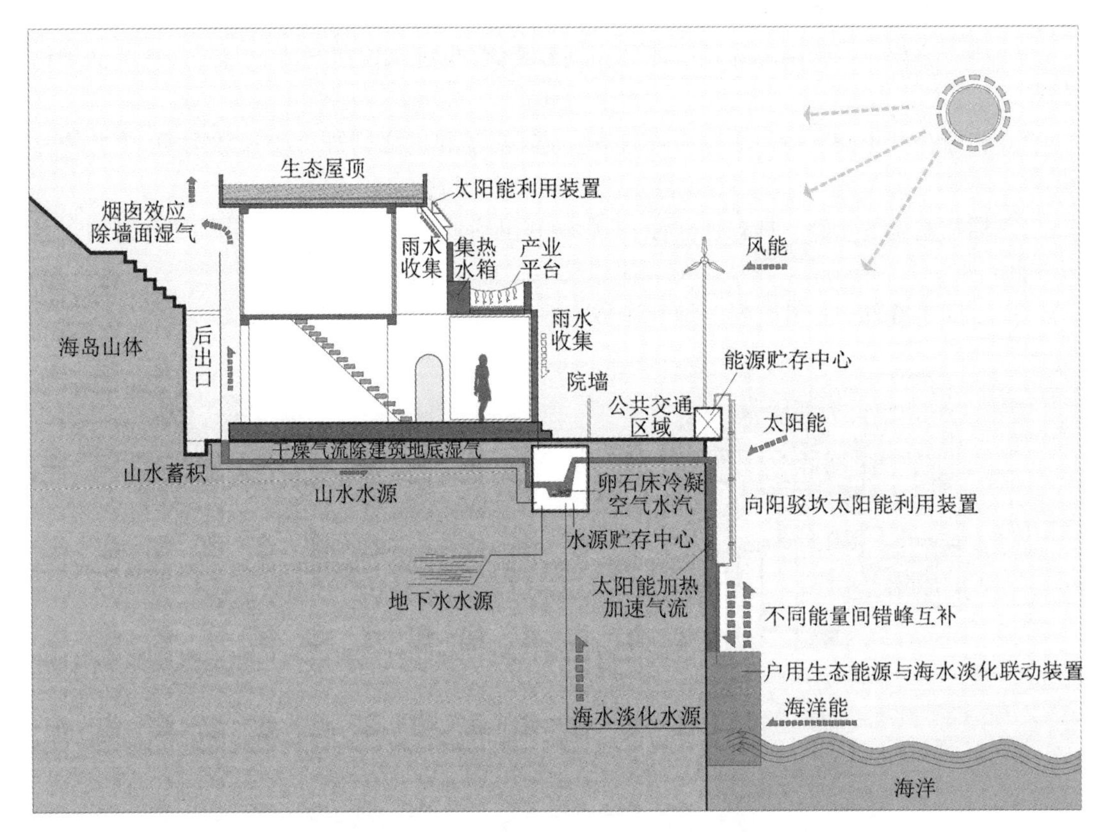

图 3-176 生态海岛民居单体建筑形态模型

(图片来源:笔者自绘)

该模型特征主要概括为如下几点:

一是合理利用海岛民居有限的土地资源,便于完善交通设施;

二是在民居后部设立通风竖井,既可以保温,又可以除湿,提高了居民的舒适感;

三是将主动式太阳能采暖系统与被动式太阳能采暖系统结合在一起,对室内热环境进行调节,同时还可以将太阳能转化为电能;

四是大力开发清洁型能源,如风能、潮汐能以及太阳能等,发现不同能源的最高峰值和最低峰值,以便及时将能源储存起来;

五是适当提高民居室内地面高度,利用地沟除湿换气自动调节系统消除潮气向地面渗透的现象,净化室内空气;

六是安装双层玻璃和保温窗帘，尽量减少室内热能量向室外传导，保证室内处于相对较高的温度；

七是海岛民居屋顶可以用来种植蔬菜，不仅具有保温作用，适当影响民居建筑微气候，而且还可以在一定程度上增加海岛土地资源，更好地满足经济发展需求；

八是对传统水窖进行改进，一方面更好地收集雨水，另一方面可以收集海水蒸气凝结而成的淡水，从而满足生活之需；

九是院落种植绿色植物，既可以调节阳光照射，又不影响正常的通风换气。

4 总结

4.1 结论

面对当前复杂的国内外形势，提出建设海洋强国的战略具有重要现实意义。我国第一个海洋主题国家新区是舟山群岛新区，这是建设海洋强国战略在实践中的具体实施。如今，国土开发中心逐渐由内陆转向海洋，因此非常有必要改善海岛人居环境，只有这样才能进一步推动海洋海岛建设。

笔者重点分析了舟山群岛人居环境，并立足于单元视角，详细阐述了群岛人居聚落与海岛环境之间的关系。本次研究利用了多个领域的理论方法，其中包括景观生态学、社会学、生物学、地理学等，从而将舟山群岛人居聚落与地理条件巧妙结合在一起，以此为基础提出了海岛人居这一概念，并重点分析了环境因素与聚落可持续发展之间的关联性。

笔者在科学的认识论和方法论指导之下，首先对影响海岛人居的多种因素进行了分析，之后分别从两个不同层面出发，提出要构建海岛人居的营建体系。

本次研究的创新之处主要表现在如下三个方面：

(1) 从不同角度出发，全面界定海岛人居概念，并对此展开进一步分析，大大提高了本次研究的理论价值和实践价值。

(2) 按照科学的方法论，详细分析了海岛人居各组成部分以及彼此之间的相关性。

(3) 立足于多个不同视野全面分析了海岛人居营建体系，十分符合群岛环境特征。

4.2 不足

舟山海岛人居营建体系十分复杂，是一项系统工程。笔者决心从新的研究角度入手，对海岛人居环境问题展开研究，本次研究借鉴了前人的很多研究成果，并结合了自己的成长经历，但由于笔者学识和时间有限，本次研究还存在以下不足：

(1) 笔者查阅了前人研究成果后，开始研究群岛人居环境，但在理论结合实践的过程中做得并不够好。

(2) 本次研究尽管详细分析了影响海岛人居发展的自然因素和社会因素，并探讨了海岛人居营建体系的方法，可是并没有重点论述现代社会各项体制机制，导致研究结论不够全面。

(3) 主要为理论研究，实践研究成果并不充分，希望接下来在实践领域展开更加深入的研究。

4.3 展望

未来要做好如下三方面工作，进一步了解群岛、完善群岛、创造群岛：

(1) 深入了解：掌握海岛人居营建体系的运转规律，并针对现代各项体制机制与海岛人居的关联性展开进一步探讨。

(2) 健全完善：在借鉴前人研究成果前提下，进一步完善海岛人居营建体系，创建新的海岛人居组织结构，打造人岛和谐共生单元。

(3) 全新创造：将海岛人居相关研究成果应用于跨学科领域，为改善舟山群岛人居环境做出更大的贡献。

参考文献

Abd-Alah A M A，1999. Coastal zone management in Egypt[J]. Ocean & Coastal Management，42：835-848.

Admas W M，1990. Green Development：Environment and Sustainability in the Third World[M]. New York：Routledge.

Ahamd Y J，1989. Environmental Accounting for Sustainable Development [M]. Washington D C：World Bank.

Alcamo J，Leemans R，Kreileman E，1999. Global Change Scenarios of the 21st Century：Results from the IMAGE 2. 1 Model [M].Oxford：Pergamon.

Alexander R C，2003. Designing Cities：Critical Readings in Urban Design[M]. Oxford：Wiley-Blackwell .

Arthur B G，Eisner S，1986. The Urban Pattern：City Planning and Design[M]. New York：Van Nostrand Reinhold.

Baine M，Howard M，Kerr S，et al.，2007. Coastal and marine resource management in the Galapagos Islands and the Archipelago of San Andres：Issues，problems and opportunities[J]. Ocean & Coastal Management，50(3/4)：148-173.

Berti A D，Wergin J E，Girdaukas G G，et al.，2012. Altering the Proclivity towards Daptomycin Resistance in Methicillin-Resistant Staphylococcus aureus Using Combinations with Other Antibiotics[J]. Antimicrobial Agents & Chemotherapy，56 (10)：5046-5053.

Button K J，1976. Urban Economics：Theory and Policy [M]. London：Palgrave Macmillan.

Carsten Wergin，2012. Trumping the Ethnic Card：How Tourism Entrepreneurs on Rodrigues tackled the 2008 Financial Crisis[J].Island Studies Journal，7：119-134.

Conlin M，Baum T G，1995. Island Tourism：Management Principles and Practice[M]. Chichester：John Wiley & Sons.

Givoni B，1994. Passive Low Energy Cooling of Buildings[M]. New York：Van Nostrand Reinhold.

Givoni B，1998. Climate Considerations in Building and Urban Design[M]. New York：Van Nostrand Reinhold.

Gray F，2009. Designing the Seaside：Architecture，Society and Nature[M]. London：Reaktion Books.

Hillier B, Hanson J, 1984. The Socilal Logic of Space [M]. Cambridge: Cambridge University Press.

Karides M, 2013. Riding the Globalization Wave (1974—2004): Islandness and Strategies of Economic Development in Two Post-colonial States[J]. Island Studies Journal, 8: 299-320.

Karides M, 2014. Book review: We are in this dance together: Gender, power, and globalization at a Mexican garment firm [J]. International Journal of Comparative Sociology, 55(1): 76-78.

Kates R W, Clark W C, Corell R, et al., 2001. Environment and development: Sustainability science[J]. Science, 292(5517): 641-642.

Kelly E L, et al., 2014. Changing Work and Work-Family Conflict: Evidence from the Work, Family, and Health Network[J]. American Sociological Review, 79: 485-516.

MacArthur C, Rees A J, 1976. Letter: Diagnosis of pericardial effusion by echocardiography[J]. British Medical Journal, 1(6002): 155.

Natarajan N, Peramaiyan R, et al., 2014. Antioxidants and human diseases[J]. Clinica Chimica Acta, 436: 332-347.

Nelson E, Mendoza G, Regetz J, et al., 2009. Modeling multiple ecosystem services, biodiversity conservation, commodity production, and tradeoffs at landscape scales[J]. Frontiers in Ecology and the Environment, 7(1): 4-11.

Persoon G A, van Weerd M, 2006. Biodiversity and Natural Resource Management in Insular Southeast Asia[J]. Island Studies Journal, 1: 81-108.

Pizzitutti F, Mena C F, Walsh J, 2014. Walsh. Modelling Tourism in the Galapagos Islands: An Agent-Based Model Approach[J]. Journal of Artificial Societies and Social Simulation, 17: 1-14.

Pérez-Soba M, Petit S, Jones L, et al., 2008. Land use functions: a multifunctionality approach to assess the impact of land use changes on land use sustainability[Z]. Berlin, Heidelberg: Springer Berlin Heidelberg.

Reidsma P, König H, Feng S, et al., 2011. Methods and tools for integrated assessment of land use policies on sustainable development in developing countries[J]. Land Use Policy, 28(3): 604-617.

Rengarajan S, Veeraragavan S, et al., 2014. Geographical analysis of tourism sites in Andaman Archipelago (India) and ecotourism development for Smith Island of North Andaman[J]. International Journal of Sustainable Development & World Ecology, 21: 449-455.

Shucksmith R, Gray L, Kelly C, et al., 2014. Regional marine spatial planning: The data collection and mapping process[J]. Marine Policy, 50: 1-9.

Sitte C，1965. City Planning According to Artistic Principles[M]. New York：Random House.

Sun M H，Zhang X Y，Ryan C，2015. Perceiving tourist destination landscapes through Chinese eyes：The case of South Island，New Zealand[J]. Tourism Management，46：582-595.

Sun W，Balanis C，1994. Edge-based FEM solution of scattering from inhomogeneous and anisotropic objects [J]. IEEE Transactions on Antennas & Propagation，42 (5)：627-632.

Walsh S J，Pizzitutti F，Mena C F，2014. Journal of Artificial Societies and Social Simulation[J]. Journal of Artificial Societies and Social Simulation，17(1)：116-117.

Wu K C，Zerhouni E A，Judd R M，et al.，1998. Prognostic Significance of Microvascular Obstruction by Magnetic Resonance Imaging in Patients With Acute Myocardial Infarction[J]. Circulation，97(8)：765-772.

阿摩斯·拉普卜特，2003.建成环境的意义：非言语表达方法[M].黄兰谷，等译.北京：中国建筑工业出版社.

白馥兰，2006.技术与性别：晚清帝制中国的权力经纬[M].江湄，邓京力，译.南京：江苏人民出版社.

白洁，2002.发展海岛旅游业的制约因素及对策[J].生态科学，21(2)：179-181.

彼得·柯林斯(Peter Collins)，2003.现代建筑设计思想的演变[M].英若聪，译.北京：中国建筑工业出版社.

查晓鸣，杨剑，2011.生态人居环境基本概念演进分析[J].山西建筑(5)：3-4.

柴寿升，王树德，2003.论青岛国际旅游城市的塑造[J].中共青岛市委党校青岛行政学院学报(2)：63-65.

陈秉钊，2003.可持续发展中国人居环境[M].北京：科学出版社.

陈国伟，2006.浙江省海岛地区供水配置探讨[J].水利规划与设计(1)：19-22.

陈婧，史培军，2005.土地利用功能分类探讨[J].北京师范大学学报(自然科学版)(5)：536-540.

陈静，2017.如何开发舟山的沉寂渔村[N].舟山日报，08-14(5).

陈康翔，钱德雪，2006.海水淡化在舟山海岛地区的适用性分析[J].浙江水利科技(5)：11-12.

陈升忠，1995.广东海岛旅游资源开发及对策[J].海洋开发与管理，12(3)：1-7.

陈树培，1994.广东海岛植被和林业[M].广州：广东科技出版社.

陈松华，2010.海岛地区提高水资源保障能力对策探析：以舟山市为例[J].浙江水利科技(1)：16-18.

陈伟，1992.岛国文化[M].上海：文汇出版社.

陈欣欣，2006.港口可持续发展中的共生关系研究[D].大连：大连海事大学.

陈砚,1999.厦门市滨海旅游资源优势与潜力[J].海岸工程(2): 94-103.
单光,张戈,2008.海岛型生态市、生态县创建中的生态人居环境建设初探[J].科技信息(学术研究)(10): 55.
邓伟,刘福涛,1996.辽宁省海岛生态旅游资源开发和保护[J].自然资源,18(4): 68-72.
樊杰,2015.中国主体功能区划方案[J].地理学报(2): 186-201.
傅瓦利.2001.土地利用格局变化及优化设计研究[D].重庆: 西南农业大学.
傅永军,2008.现代性与传统: 西方视域及其启示[J].山东大学学报(哲学社会科学版)(2): 8-15.
高塔娜,2014.自然环境对农村聚落空间布局的影响: 以成都地区新农村建设为例[D].成都: 西南交通大学.
高增祥,陈尚,李典谟,等,2007.岛屿生物地理学与集合种群理论的本质与渊源[J].生态学报(1): 304-313.
郭文杰,2000.海岛旅游度假村的生态管理: BINTAN 度假村的管理经验[J].能源工程(2): 49-50.
郭勇,2008.多途径解决海岛农村居民饮水不安全问题的探索与实践[J].硅谷(18): 74-75.
国家统计局,2015.2015 年全国 1%人口抽样调查主要数据公报[R].
韩兴勇,2013.海洋渔村社会的形成过程探讨: 以上海现代海洋渔村社会形成过程为例[J].中国海洋社会学研究(1): 81-88.
何世钧,1982.舟山地区潮流特性和能量参数[J].能源工程(4): 1-5.
贺勇,2004.适宜性人居环境研究: "基本人居生态单元"的概念与方法[D].杭州: 浙江大学.
贺勇,王竹,2009.长三角地区湿地类型人居环境空间结构评价模式研究[J].建筑学报(S2): 7-10.
贺勇,王竹,曹永康,2007.传统与现代: 江南水乡与现代城市地域特色[J].华中建筑(61): 80-82.
洪惠坤,2016."三生"功能协调下的重庆市乡村空间优化研究[D].重庆: 西南大学.
扈万泰,王力国,舒沐晖,2016.城乡规划编制中的"三生空间"划定思考[J].城市规划(5): 21-26.
黄光宇,2005.山地城市空间结构的生态学思考[J].城市规划(1): 57-63.
黄金川,方创琳,2003.城市化与生态环境交互耦合机制与规律性分析[J].地理研究(2): 211-220.
黄金川,林浩曦,漆潇潇,2017.面向国土空间优化的三生空间研究进展[J].地理科学进展(3): 378-391.
黄仰松,1995.我国海岛的旅游资源[J].资源开发与市场(6): 284.
黄耀丽,郑坚强,1998.论中学地理教育与人的发展[J].佛山科学技术学院学报(自然科学版)(2): 76-80.
贾洪玉,马欣华,等,2001.青岛市崂山区海皂资源及可持续利用研究[J].山东环境(5):

34-35.
贾莲莲,2005.海岛型旅游度假区发展过程中的城市化现象透视：以海陵岛为例[D].广州：中山大学.
姜彬,金涛,2005.东海海岛文化与民俗[M].上海：上海文艺出版社.
金贵,2014.国土空间综合功能分区研究[M].武汉：中国地质大学.
金贵,王占岐,姚小薇,等,2013.国土空间分区的概念与方法探讨[J].中国土地科学(5)：42-47.
金其铭,1989.中国农村聚落地理[M].南京：江苏科学技术出版社.
金涛,2004.浙江海岛民居习俗与建房礼仪[J].浙江海洋学院学报(人文科学版)(4)：35-36.
赖铃,2010.共生理论下的中国广播媒介发展研究[D].重庆：西南政法大学.
乐忠奎,2000.舟山海岛旅游环境可持续发展初步研究[J].东海海洋,18(2)：58-63.
李广东,方创琳,2016.城市生态—生产—生活空间功能定量识别与分析[J].地理学报,71(1)：49-65.
李秋颖,方创琳,王少剑,2016.中国省级国土空间利用质量评价：基于“三生”空间视角[J].地域研究与开发,35(5)：163-169.
李莎,2011.上海传统乡村聚落景观的解读[D].上海：华东师范大学.
李芗,2004.中国东南传统聚落生态历史经验研究[D].广州：华南理工大学.
李植斌,1997.浙江省海岛区资源特征与开发研究：以舟山群岛为例[J].自然资源学报,12(2)：139-145.
林涛,2012.浙北乡村集聚化及其聚落空间演进模式研究[D].杭州：浙江大学.
凌金祚,2000.沧海桑田：舟山地形的变迁[J].浙江档案(10)：37.
刘晖,2005.黄土高原小流域人居生态单元及安全模式[D].西安：西安建筑科技大学.
刘加平,罗戴维,刘大龙,等,2016.湿热气候区建筑防热研究进展[J].西安建筑科技大学学报(自然科学版),48(1)：1-9.
刘家明,2000.国内外海岛旅游开发研究[J].华中师范大学学报(自然科学版)(3)：349-352.
刘立军,楼越平,钱未珍,等,2004.舟山群岛多元化供水探讨[J].中国农村水利水电(4)：24-26.
刘沛,段建南,王伟,等,2010.土地利用系统功能分类与评价体系研究[J].湖南农业大学学报(自然科学版)(1)：113-118.
刘容子,2002.海洋经济发展面临的机遇与挑战[N].中国海洋报,08-20.
刘容子,齐连明,2006.我国无居民海岛价值体系研究[M].北京：海洋出版社.
刘伟,徐峰,解明境,2009.适应湖南中北部地区气候的传统民居建筑技术：以岳阳张谷英村古宅为例[J].华中建筑(3)：172-175.
刘彦随,刘玉,陈玉福,2011.中国地域多功能性评价及其决策机制[J].地理学报(10)：1379-1389.
卢建一,2011.明清海疆政策与东南海岛研究[M].福州：福建人民出版社.

陆元鼎,2005.从传统民居建筑形成的规律探索民居研究的方法[J].建筑师(3):5-7.
吕立刚,周生路,周兵兵,等,2013.区域发展过程中土地利用转型及其生态环境响应研究:以江苏省为例[J].地理科学(12):1442-1449.
栾维新,王海壮,2005.长山群岛区域发展的地理基础与差异因素研究[J].地理科学(5):544-550.
罗玲玲,1998.MERA'97"面向21世纪的环境—行为研究国际会议"回顾[J].建筑学报(12):60-61.
罗玲玲,王湘,1998.空间异用行为的观察、实验研究[J].建筑学报(12):50-53.
罗露,2013.舟山农村水资源危机治理研究[D].舟山:浙江海洋学院.
罗晓予,2008.基于环境质量和负荷的可持续人居环境评价体系研究[D].杭州:浙江大学.
马洪涛,丁小川,童航,2012.分布式供能系统在海岛能源供应中的应用[J].发电与空调(5):1-4.
马晓龙,赵荣,2003.塞浦路斯旅游业发展对我国海岛旅游开发的启示[J].世界地理研究,12(3):92-97.
毛梅丽,2012.遥感技术在舟山新区海洋资源开发中的应用[D].舟山:浙江海洋学院.
米歇尔.沃尔德罗普,1997.复杂:诞生于秩序与混沌边缘的科学[M].陈玲,译.北京:三联书店.
牛汝辰,2016.中国地名掌故词典[D].北京:中国社会出版社.
欧阳康,张明仓,2001.社会科学研究方法[M].北京:高等教育出版社.
潘聪林,赵文忠,潜莎娅,2015.滨海山地渔村聚落特征初探:以舟山为例[J].华中建筑(3):191-194.
潘建纲,1997.海南省海岸带资源开发与环境管理对策研究[J].南海研究与开发(1):37-42.
彭超,2005.我国海岛可持续发展初探[D].青岛:中国海洋大学.
浦欣成,王竹,黄倩,2013.乡村聚落的边界形态探析[J].建筑与文化(8):48-49.
齐兵,2007.舟山市主要海岛分类开发研究[D].大连:辽宁师范大学.
屈双荣,2003.基于GIS重庆岩溶区景观格局状况分析[D].重庆:西南农业大学.
盛红,1999.滨海旅游业可持续发展的设想[J].中国海洋大学学报(社会科学版)(1):92-96.
施素芬,2000.大陈岛旅游业的开发和气候资源评析[J].浙江气象科技,22(2):25-27.
史鸿谦,2011.基于景观生态学理论的湿地人文景观设计[D].呼和浩特:内蒙古农业大学.
舒沐晖,沈艳丽,蒋伟,等,2015.法定城乡规划划分"生产、生活、生态"空间方法初探[C]//2015中国城市规划年会论文集,贵阳:56-66.
宋薇,2002.海洋产业与陆域产业的关联分析[D].大连:辽宁师范大学.
宋晔皓,1999.结合自然整体设计注重生态的建筑设计研究[D].北京:清华大学.
孙秀梅,陈朋,郭远明,2010.城市化压力对舟山海岛生态系统健康影响机制分析[C]//2010年海岛可持续发展论坛论文集,舟山:123-130.
汤满初,2011.加快推进舟山城镇化的必要性和现实基础[J].中共舟山市委党校学报(1):

12-15.
汤小华，1997.平潭海岛旅游资源开发利用[J].台湾海峡，16(1)：106-106.
藤井明，2003.聚落探访[M].宁晶，译.北京：中国建筑工业出版社.
田克勤，2000.渤海湾盆地下第三系深层油气地质与勘探[M].北京：石油工业出版社.
万久春，2003.阿里地区能源利用方案及多能互补系统研究[D].成都：四川大学.
汪泉，2008.舟山地区渔村产业结构演变对渔村妇女的影响[D].上海：上海海洋大学.
王博，2009.建筑业技术创新组织共生模式与种群行为研究[D].西安：西安建筑科技大学.
王海宁，2008.发展可再生能源是解决海岛能源动力问题的有效途径[J].阳光能源(3)：49-51.
王海壮，2004.长山群岛空间结构演变规律、驱动机制与调控研究[D].大连：辽宁师范大学.
王和平，1991.从中外档案史料看浙江在鸦片战争中的地位[J].浙江档案(10)：29-41.
王沪宁，1991.中国的村落家族文化：状况与前景[J].上海社会科学院学术季刊(1)：106-114.
王娟，2008.榆林南部地区城镇中传统窑居建筑更新与发展[D].西安：西安建筑科技大学.
王磊，2007.天津滨海新区海陆一体化经济战略研究[D].天津：天津大学.
王娜，张年国，王阳，等，2016.基于三生融合的城市边缘区绿色生态空间规划：以沈阳市西北绿楔为例[J].城市规划，40(S1)：116-120.
王其钧，2005.中国民居三十讲[M].北京：中国建筑工业出版社.
王琼，季宏，陈进国，2017.乡村保护与活化的动力学研究：基于3个福建村落保护与活化模式的探讨[J].建筑学报(1)：108-112.
王荣纯，张瑞安，1999.埕岛油田海底管道工程海域环境现状及质量评价[J].海岸工程(4)：22-28.
王小龙，2006.海岛生态系统风险评价方法及应用研究[D].青岛：中国科学院研究生院(海洋研究所).
王欣凯，宋乐，刘毅飞，等，2010.舟山群岛基础地理特征及其变化[J].海洋开发与管理(21)：55-58.
王昀，2009.传统聚落结构中的空间概念[M].北京：中国建筑工业出版社.
王竹，1997.黄土高原绿色住区模式研究构想[J].建筑学报(7)：13-17.
王竹，魏秦，贺勇，2004.从原生走向可持续发展：黄土高原绿色窑居的地区建筑学解析与建构[J].建筑学报(3)：32-35.
王竹，魏秦，贺勇，等，2002.黄土高原绿色窑居住区研究的科学基础与方法论[J].建筑学报(4)：45-47.
王竹，周庆华，1996.为拥有可持续发展的家园而设计：从一个陕北小山村的规划设计谈起[J].建筑学报(5)：33-38.
魏秦，2008.黄土高原人居环境营建体系的理论与实践研究[D].杭州：浙江大学.
魏秦，王竹，徐颖，2012.我国地区人居环境理论与实践研究成果的梳理及评析[J].华中建筑

(6)：83-87.

翁志军，陈菲菲，2010.无居民海岛开发的和谐点研究：舟山凤凰岛和谐开发的实例分析[J].海洋开发与管理(3)：9-11.

邬永昌，秦永禄，2003.南岙村志[M].北京：中央文献出版社.

吴良镛，2001.人居环境科学导论[M].北京：中国建筑工业出版社.

吴庆洲，2002.21 世纪中国城市灾害及城市安全战略[J].规划师，18(1)：12-14.

吴艳娟，杨艳昭，杨玲，等，2016.基于“三生空间”的城市国土空间开发建设适宜性评价——以宁波市为例[J].资源科学(11)：2072-2081.

伍鹏，2007.我国海岛旅游开发模式创新研究：以舟山群岛为例[J].渔业经济研究(2)：10-17.

西安建筑科技大学绿色建筑研究中心，1999.绿色建筑[M].北京：中国计划出版社.

席建超，王首琨，张瑞英，2016.旅游乡村聚落“生产-生活-生态”空间重构与优化：河北野三坡旅游区苟各庄村的案例实证[J].自然资源学报(3)：425-435.

谢高地，鲁春霞，甄霖，2009.区域空间功能分区的目标、进展与方法[J].地理研究，28(3)：561-570.

辛红梅，2007.基于景观格局的海岛生态系统风险评价方法[D].青岛：中国海洋大学.

薛辰，徐学根，都志杰，等，2011.海岛风电服务于国家海洋战略[J].风能(7)：26-28.

杨翠林，2008.农牧交错带小流域景观格局与土壤侵蚀耦合关系研究[D].呼和浩特：内蒙古农业大学.

杨浩，王宇实，高伟哲，2017.渔归：将青年旅舍引入废弃渔村的激活设计[J].建筑工程技术与设计(4)1149.

杨俊峰，2005.黄土高原小流域人居生态单元平原型案例研究[D].西安：西安建筑科技大学.

姚安安，2011.舟山传统民居建筑环境适应性研究[J].四川建筑(5)：73-75.

殷绘焘，2017.城乡一体化进程下苏南渔村空间适应性策略研究[D].苏州：苏州科技大学.

于汉学，2007.黄土高原沟壑区人居环境生态化理论与规划设计方法研究[D].西安：西安建筑科技大学.

于希贤，于涌，2005.中国古代风水的理论与实践[M].北京：光明日报出版社.

于洋，2016.民俗学视域下的海洋文化研究：渔村村落记忆[J].浙江海洋学院学报(人文科学版)，33(4)：48-52.

于洋，2017.浙江舟山渔村文化变迁：以蚂蚁岛“渔嫂生活”为例[J].中国渔业经济，35(4)：100-105.

原广司，2003.世界聚落的教示 100[M].于天祎，等译.北京：中国建筑工业出版社.

约翰·西蒙兹，2000.景观建筑学：场地规划与设计手册[M].俞孔坚，等译.北京：中国建筑工业出版社.

岳云华，冉青红，1994.浅论舟山群岛区域地理特征[J].绵阳师范高等专科学校学报(12)：72-77.

张浩龙，陈静，周春山，2017.中国传统村落研究评述与展望[J].城市规划，41(4)：74-80.
张焕，2012.海岛人居营建体系对气候条件的适应性研究：以舟山群岛为例[J].建筑与文化(7)：98-102.
张焕，2012.海洋经济背景下海岛人居环境空心化现象及对策：以舟山群岛新区为例[J].建筑与文化(6)：91-93.
张焕，2014.海洋经济背景下海岛人居环境空心化现象及对策：以舟山群岛新区为例[J].建筑与文化(6)：91-93.
张焕，王竹，张裕良，2011.海岛特色资源影响下的人居环境变迁：以舟山群岛为例[J].华中建筑(12)：98-102.
张雷鋆，2007.因地制宜、构建和谐的生态人居环境[D].无锡：江南大学.
张祺，2008.中国人口迁移与区域经济发展差异研究：区域、城市与都市圈视角[D].上海：复旦大学.
张耀光，胡宜鸣，1995a.辽宁海岛分布特征与形状功能分析[J].辽宁师范大学学报(自然科学版)(4)：331-337.
张耀光，胡宜鸣，1997.辽宁海岛资源开发与海洋产业布局[M].大连：辽宁师范大学出版社.
张耀光，谢小军，1995.南方鲶卵巢滤泡细胞和卵膜生成的组织学研究[J].动物学研究(2)：166-172.
张子琪，王竹，裘知，2018.乡村老年人村域公共空间聚集行为与空间偏好特征探究[J].建筑学报(2)：85-89.
章肖明，1986.道萨迪亚斯和"人类聚居科学"[D].北京：清华大学.
赵淑清，方精云，雷光春，2001.物种保护的理论基础：从岛屿生物地理学理论到集合种群理论[J].生态学报(7)：1171-1179.
赵万民，2011.西南地区流域人居环境建设研究[M].南京：东南大学出版社.
赵中华，2016.基于主体功能区战略的勐海县国土空间三生功能分区及管治研究[D].昆明：云南大学.
郑百龙，翁伯琦，周琼，2006.台湾"三生"农业发展历程及其借鉴[J].中国农业科技导报(4)：67-71.
郑冬子，郑慧子，1997.区域的观念[M].天津：天津人民出版社.
中国科学院广州能源研究所，2010.海岛可再生独立能源系统[J].水产科技(21)：43-47.
中国民族建筑研究会，2009.族群、聚落、民族建筑、国际人类学与民族学联合会第十六届世界大会专题会议论文集[M].昆明：云南大学出版社.
中国水产科学研究院，2020.中国渔业统计年鉴 2020[M].北京：中国农业出版社.
舟山市人民政府，2009.舟山年鉴 2009[M].北京：中国文史出版社.
周春山，1996.城市人口迁居理论研究[J].城市规划汇刊(3)：34-40.
周复，2005.农村女性劳动力转移障碍的实证分析[D].南京：南京农业大学.
周侃，樊杰，2015.中国欠发达地区资源环境承载力特征与影响因素：以宁夏西海固地区和云南怒江州为例[J].地理研究(1)：39-52.
周若祁，等，2007.绿色建筑体系与黄土高原基本聚居模式[M].北京：中国建筑工业出版社.
周善元，2000.取之不尽，用之不竭的洁净能：太阳能[J].江西能源(4)：8-10.
周子炯，2005.海上花园城 生态人居地：舟山岛城人居环境建设析议[J].浙江建筑(6)：3-4.
朱丽，2010.千岛湖库区中心小型岛屿植物复合种群和β多样性研究[D].杭州：浙江大学.
朱炜，2009.基于地理学视角的浙北乡村聚落空间研究[D].杭州：浙江大学.
朱晓燕，薛锋刚，2005.国外海岛自然保护区立法模式比较研究[J].海洋开发与管理(4)：36-40.
朱怿，2006.从"居住小区"到"居住街区"[D].天津：天津大学.